_____드림

초판 1쇄 인쇄 2015년 2월 5일
초판 1쇄 발행 2015년 2월 12일

지은이 정완상
글 안치현
그림 VOID

발행인 장상진
발행처 경향미디어
등록번호 제313-2002-477호
등록일자 2002년 1월 31일

주소 서울시 영등포구 양평동 2가 37-1번지 동아프라임밸리 507-508호
전화 1644-5613 | **팩스** 02) 304-5613

ⓒ 정완상
ISBN 978-89-6518-127-9 63410
        978-89-6518-126-2 (set)

· 값은 표지에 있습니다.
· 파본은 구입하신 서점에서 바꿔드립니다.

경향에듀는 경향미디어의 자녀교육 전문 브랜드입니다.

6학년 1학기 초등 수학 개정 교과서 전격 반영

몬스터 마법수학

화성 탈출 上

분수의 나눗셈 | 소수의 나눗셈 |
각기둥과 각뿔 | 여러 가지 입체 도형

저자 **정완상** 글 **안치현** 그림 **VOID**

경향에듀

〈몬스터 마법 수학〉으로 초등 수학 완전 정복!

　　흔히들 기본에 충실하면 된다고들 말하지요. 계산에만 열을 올리고 있다가 처음 문장제(문장으로 기술된 수학 문제)를 접하게 되면 초등학생들은 어떻게 식을 세워야 할지 몰라 난감한 표정을 짓습니다. 그래서 이번 시리즈를 준비해 보았습니다. 초등 수학의 대표적인 문제 유형을 동화로 풀어 쓰자는 것이 이번 기획이었지요. 스토리 작가와 수학 콘텐츠 작가와 삽화 작가 세 사람이 재미있는 책을 만들기 위해 서로의 장점을 모았습니다.

　　최근 스마트폰의 열풍으로 아이들이 스마트폰의 게임이나 채팅에 너무 많은 시간을 빼앗겨 수학 공부에 재미를 붙이기가 쉽지 않습니다. 교과서가 과거보다는 많이 나아졌지만 아이들의 흥미를 유발하기에는 아직 부족한 점이 많다는 생각에 이 책을 기획하였습니다. 이 책은 아이들이 마치 게임을 하듯이 술술 읽어 내려가면서 저절로 수학의 개념을 깨우치도록 하는 데 목적을 두었습니다.

6학년 1학기 과정은 5학년 수학의 연장입니다. 6학년 1학기 과정은 분수의 나눗셈, 소수의 나눗셈, 각기둥과 각뿔, 여러 가지 입체 도형, 원주율과 원의 넓이, 비율과 그래프, 연비와 비례 배분 등입니다.

이 책을 통해 아이들이 동화의 세계와 수학 공부가 따로 존재하는 것이 아니라 공존할 수 있다는 것을 알게 되었으면 합니다. 또한 스토리텔링을 이용한 수학 공부를 통해 아이들이 수학에 점점 흥미를 가지게 되어 오일러나 가우스와 같은 훌륭한 수학자가 탄생하기를 기원해 봅니다. 끝으로 이 책이 나올 수 있도록 함께 고민한 경향미디어의 사장님과 경향미디어 편집부에 감사의 말을 전합니다.

국립 경상대학교 물리학과 교수 정완상

목차

반올림

초등학교 6학년으로 평소에는 덤벙거리지만 한번 문제에 맞닥뜨리면 엄청난 집중력과 응용력을 발휘한다. 임기응변과 순발력이 좋다. 아름이, 일원이와는 유치원 삼총사다. 어렸을 적부터 천부적인 수학적 재능을 가지고 있었으며 장래희망은 세계적인 수학자이다.

담임 선생님으로부터 방학이 끝나면 국제 수학 올림피아드 대회에 참가할 팀을 선발한다는 소식을 접한다. 단, 세 명 이상으로 구성된 팀이어야 한다는 조건이 있다. 삼총사 중 한 명인 아름이의 삼촌이자 수학 대가인 피타고레 박사님을 찾아가 함께 지내며 방학 동안 수학을 완벽히 마스터하기로 결심한다.

아름

반올림과 같은 반의 반장으로 반올림의 단짝이다. 새침하고 도도하며 공주병 증상이 있다. 속으로 반올림을 좋아하고 있지만 겉으로는 관심 없는 척한다. 수학을 제외한 모든 과목에서는 전교 1등을 놓친 적이 없다. 국제 초등학생 미술 대회와 피아노 콩쿠르에 나가서 우승을 차지할 정도로 예능에도 대단한 실력을 가지고 있다. 자신의 콤플렉스인 수학 성적을 올리기 위해 반올림과 한 팀이 되어 수학 올림피아드 대회에 참가하기로 마음먹는다.

•일원

반올림과 같은 반이며 단짝이다. 뚱뚱하고 덩치가 크다. 먹는 것
이라면 자다가도 벌떡 일어나고 배가 고프면 항상 반올림을 귀
찮게 조른다. 집중력이 부족하고 공부 자체에 대한 열의가 없지
만 방학이 시작되자마자 반올림, 아름이와 함께 놀기 위해서 억
지로 섬에 따라가게 되었다.

•야무진

부유한 모기업 회장님의 아들로 자칭 타칭 얼리어답터이다. 최
신형 스마트폰과 최신형 스마트패드를 지니고 최신형 롤러 신발
을 신고 있다. 과학에서만큼은 누구에게도 지지 않는다. 다만 수
학은 반올림에게 뒤진다는 생각에 반올림에게 라이벌 의식을 가
지고 있다. 아름이를 좋아하여 늘 반올림보다 멋져 보이려고 노
력한다. 유난히 깔끔한 척을 하며 벌레와 파충류를 무서워하는
약점이 있다.

피타고레 박사

수학계의 거장이다. 덩치도 거대하고 자칭 고대 천재 수학자 피
타고라스의 후예라고 지칭한다. 그래서 자신의 별명 또한 피타
고레로 지었다. 초등 학생들의 수학 기초력 향상을 위해서 무인
도에 연구소를 차려 놓고 운영 중이다. 순수하면서도 괴짜인 수
학 박사로, 자신의 수학적 지식을 친구로부터 선물 받은 알셈이
라는 로봇의 전자두뇌에 입력했다.

알셈

피타고레 삼촌이 친구에게서 선물로 받은 로봇으로, 피타고레의 조수 역할을 한다. 박사와 함께 수학을 연구하는 땅딸보 로봇(키 60cm) 알셈은 인간에게 무척 얄밉고 거만하게 구는 면이 있다. 하지만 위기가 닥치면 로봇다운 힘을 발휘하기도 한다.

유령선 미카엘

원래는 수학을 지키는 천사 미카엘이었으나 죄를 짓고 벌을 받아 유령선이 되어 지구로 떨어졌다. 벌을 면제받으려면 세 명 이상의 인간에게 완벽하게 수학을 알려 주어야 한다. 반올림 일행에게 마법의 아이템을 주고 퀘스트를 통해 그 아이템들을 강화시켜 주면서 일행을 돕는다.

루시퍼

한때 신으로부터 총애받는 천사였으나 신을 배신하고 반란을 일으켰다가 처참하게 패배하여 지구로 떨어졌다. 자신을 최고의 천사에서 악마로 만든 신을 항상 원망하며 유령선 미카엘이 다시 숫자 세계의 천사로 돌아가려는 것을 악착같이 방해한다.

숫자벨 여사

몬스터 유령선 안에 있는 마법 학교의 원장이다. 그녀는 유령선의 보조 역할을 하고 있으며 유령선이 태우고 있는 몬스터들과 유령선에 타는 인간들에게 수를 알려 주는 것이 주된 임무이다.

해골 대왕

숫자벨 여사가 데리고 있는 몬스터들의 대장이다. 숫자벨 여사가 수학에 최고의 열정을 보인 몬스터들 중에서 특별히 조수로 뽑았다.

라파엘

일상에서는 새끼 드래곤의 모습(아름이가 붙여준 별명은 용용이)으로 생활하지만 본체는 화이트 드래곤이다. 미카엘과 마찬가지로 수학 대천사이며 위기에 빠진 반올림 일행을 몇 번이나 도와주었다. 말수가 적고 감정 표현이 서툰 미카엘과 달리 라파엘은 우호적이며 헌신적이다.

우리의 주인공 반올림은 수학 올림피아드 우승이 목표이다. 3명이 조를 이루어야 나갈 수 있는 대회라서 방학 동안 친구들과 수학 특훈을 하기로 한다. 일원이, 아름이 그리고 야무진과 함께 아름이의 삼촌인 피타고레 박사가 있는 무인도로 여행을 떠난다. 괴짜 로봇 알셈과 피타고레 박사를 만나 수학 연구소가 있는 무인도로 가기 위해 배를 탄 반올림 일행. 그런데 갑자기 정체모를 비바람이 몰아치며 배가 침몰할 위기에 처한다.

그때 어디선가 거대한 배가 나타났고 일행은 침몰 직전 그 배에 옮겨 탔다. 놀랍게도 그 배는 과거 수학 세계의 대천사라 불렸던 유령선 미카엘이었다! 미카엘은 반올림을 포함한 일원이, 아름이에게 수학을 가르쳐 다시 천사들의 세계로 돌아가려 하고, 미카엘과 함께 지구에 떨어진 마왕 루시퍼가 그런 미카엘을 방해한다.

유령선 안에 있는 몬스터 마법 학교에 들어가게 된 반올림 일행. 그런데 일원이가 학교

밖으로 나가서는 안 된다는 규칙을 어겨 해골 대왕의 저주를 받게 되어 시간 여행을 떠나게 된다. 고대 이집트와 중세 시대에서 수학 모험을 무사히 마치고 현대로 돌아오는 중 늑대인간의 섬에 불시착하게 되고 그들을 도와 몽골군과의 전투를 승리로 이끈다. 유령선의 수리는 무사히 마쳤지만 매스 크리스털이 파괴되어 시간 여행이 불가하게 되었다는 소식에 좌절하는 반올림 일행. 그러나 대담무쌍하게 마왕성에 잠입해 루시퍼의 매스 크리스털을 빼오자는 계획을 세운다. 그리고 화이트 드래곤 라파엘의 도움을 받아 계획에 성공해 무사히 21세기의 지구로 돌아온다. 그러다 지구를 위협하는 루시퍼 군단을 무찔렀고, 수학 능력을 빼앗는 장치를 찾아 달기지를 폭파하기도 했다. 번번이 패배를 맛본 루시퍼는 화성에서 음모를 꾀하는데……

수학왕 반올림과 함께 배워요!

- 분수의 나눗셈
- 소수의 나눗셈

화성을 향해

정완상 선생님의 **수학 교실**

1장
힘을 잃은
대천사들

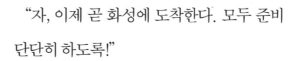

"자, 이제 곧 화성에 도착한다. 모두 준비 단단히 하도록!"

미카엘의 목소리가 유령선 안에 울려 퍼졌다. 나는 우주복 헬멧을 닫고 말했다.

"우주복 착용 완료! 아, 아, 얘들아, 내 말 들려?"

"응, 잘 들려."

"오케이!"

지금 우리가 있는 곳은 우주이다. 나와 친구들은 미카엘의 유령선을 타고 화성으로 가는 중이다. 얼마 전 우리는 달에 있는 루시퍼의 비밀 기지를 파괴했다. 그때 아름이가 짜낸 기막힌 작전으로 루시퍼를 속이는 데 성공했다. 감쪽같이 속은 루시퍼는 우리가 폭파되는 달 기지를 빠져나오지 못한 것으로 알고 통쾌해했다. 루시퍼는 우리가 달 기지를 무사히 빠져나온 후에야 자신이 속았다는 사실을 깨닫고 분노했다.

"달에 이어 이번에는 화성이라니……. 루시퍼도 참 끈질기구나."

"라파엘이 무사해야 할 텐데……."

피타고레 박사님의 말씀에 아름이가 걱정스레 중얼거렸다. 그렇다. 현재 루시퍼는 화성에 안착해 복수의 칼을 갈고 있단다. 루시퍼의 흔적을 쫓아 우주 이곳저곳을 정찰하던 라파엘이 화성에서 루시퍼의 기운을 느끼고 가까이 접근해 보겠다고 미카엘에게 전한 직후 무언가의 힘에 의해 화성에 추락했단다. 미카엘은 지구에 있는 우리를 찾아와 다급히 라파엘의 추락 소식을 전했다. 나와 친구들은 소식을 듣자마자 열일 제쳐 두고 바로 미카엘의 유령선에 탑승해 우주로 나온 참이다.

'라파엘, 조금만 기다려요. 이번엔 우리가 도와줄게요.'

매번 목숨 걸고 우리를 지켜 준 라파엘을 이번엔 우리가 구해 줄 차례이다. 우리는 마지막으로 우주복의 상태를 점검하고, 각자의 마법 아이템을 다시 한 번 확인했다.

"좋아, 내 해골 목걸이는 이상 없어. 아름아, 일원아, 너희 아이템도 괜찮지?"

"응! 준비됐어!"

"나도! 이번에야말로 루시퍼 녀석, 혼쭐을 내주겠어!"

"야무진 님의 무서움을 확실히 보여 줄 거야."

"다들 이번에도 힘내자꾸나."

우주복 착용을 마친 야무진과 피타고레 박사님도 결의를 불태웠다. 우리 일행은 상기된 채 착륙 준비를 모두 마쳤다.

"어이, 인간들! 그런데 어째 우주복 모양이 다른데?"

로봇이라 우주복을 착용하지 않아도 되어 우리 주위를 뱅글뱅글 돌던 알셈이 렌즈를 굴리며 말했다.

"응? 정말 그러네. 저번 달 기지에 갔을 때 착용했던 것과 모양이 조금 다른데?"

"물론이죠. 이번 우주복에는 미카엘 님이 마법의 힘을 담아 만들었으니까요."

야무진이 우주복을 만져 보면서 말하자 그 말이 끝나기 무섭게 숫자벨 여사가 뿌듯해하며 말했다.

"미카엘의 마법의 힘이라고요?"

"맞아요. 다들 알고 있지요? 여러분의 마법 아이템은 미카엘 님의 유령선 안에 있는 매스 크리스털의 힘에 기초하고 있어요. 이 우주복도 비슷한 구조로 만들었지요. 자, 이제 이 마법 우주복의 기능에 대해 설명할 테니 잘 들으세요."

숫자벨 여사는 우리의 우주복 이곳저곳에 달린 버튼과 장치를 가리키며 우주복의 기능을 설명해 주었다. 정말 놀라운 기능이 많았다. 신발에는 빨리 달릴 수 있는 부스터가 달려 있었고, 팔에서는 불을 뿜는 화염방사기며 영화에서나 보았던 머신건이나 로켓포도 튀어나왔다. 등에는 슈퍼맨처럼 하늘을 날아다니는 마법 장치까지 장착되어 있었다.

"우와! 정말 끝내주잖아? 어떤 기능은 마법 아이템보다도 더 획기적인데?"

야무진은 우주복 기능이 마음에 쏙 들었는지 우주복을 만지작거리며 즐거워했다.

"음, 확실히 이 정도 기능이라면 마법 아이템이 없는 우리도 어느 정도 싸워 볼 만하겠구나. 높은 레벨의 마법과 최첨단 과학 기술이 더해진 우주복이라니……. 이거 정말 굉장하구나."

피타고레 박사님께서도 우주복을 만지작거리며 어린아이처럼 좋아했다. 그때 알셈이 말했다.

"아무튼 중요한 건 라파엘을 빨리 구해 내는 거야. 미카엘 말로는 라파엘이 몇 시간 전 화성 어딘가에 추락해서 쓰러졌다고 했어. 추락 이유를 알 수 없어 꺼림칙하지만……. 혹시 화성에서 루시퍼의 부하들이 공격해 올지도 모르니 단단히 각오하자고."

라파엘은 과거 수학 대천사였다. 평소 유령선 안에서는 새끼 드래곤으로 생활하지만 본래 화이트 드래곤이다. 웬만한 루시퍼의 부하들은 단숨에 제압했던 라파엘이다.

'루시퍼의 흔적을 찾았을 때는 화이트 드래곤이었을 텐데…….'

그 말은 즉 화이트 드래곤인 라파엘을 추락시킬 정도의 공격이었다는 뜻이다. 그렇다면 우주복의 기능이 뛰어나다고 마냥 안심할 일은 아니다. 그때 미카엘이 말했다.

"도착했다. 음, 이 근처에서 라파엘의 기운이 느껴지는데……."

미카엘의 말에 우리는 창문 쪽으로 다가가 밖을 내다보았다. 눈에 들어온 화성의 첫인상은 드넓은 사막 같기도 했고, 끝없는 황야 같기도 했다.

"앗! 저기! 저쪽에 있어!"

카메라 렌즈를 쭉 뺀 알셈이 저 멀리 라파엘을 발견하고 소리쳤다. 눈을 가늘게 떠 자세히 보니 웅크린 채 쓰러져 있는 라파엘이 보였다.

"다행히 주위에 다른 몬스터는 보이지 않아요. 서둘러요, 미카엘!"

"좋아! 가까이 접근해서 옆에 착륙하겠다. 모두 준비……."

그때였다. 유령선의 불이 꺼지고 모든 기계가 멈췄다.

피유우우웅.

"어?"

미카엘의 유령선이 구닥다리 배이기는 하지만 그래도 엔진실에는 기계라고 할 만한 설비를 갖추고 있다. 그런데 엔진실의 모든 기계가 한순간에 작동을 멈춘 것이다. 그와 동시에 유령선이 기우뚱하고 기울었다.

"뭐, 뭐가 어떻게 된 거지? 이런! 추락한다! 꽉 잡아라!"

"으아아아악?!"

쿠우웅!

묵직한 소리와 함께 우리가 탄 유령선이 화성 바닥에 추락했다.

"으으, 애들아, 괜찮아?"

"이게 어떻게 된 거지?"

나와 친구들이 주섬주섬 자리를 털고 일어날 때 피타고레 박사님께서 우리를 일으켜 주며 말씀하셨다.

"지구의 중력은 9.8 정도이고 화성의 중력은 3.7 정도야. 그 때문에 큰 충격을 받지는 않은 것 같구나."

중력은 물체를 끌어당기는 힘이다. 화성의 중력은 지구만큼 크지 않았기 때문에 유령선이 바닥으로 천천히 떨어진 모양이다.

"그런데 미카엘 님, 어째서 추락하게 된 거죠?"

숫자벨 여사가 떨리는 목소리로 묻자 미카엘이 난감해 하며 대답했다.

"이곳, 뭔가 이상하다. 조금 전 화성궤도에 진입하자마자 배의 모든 마법 장치들이 작동을 멈췄다. 이 배가 우주를 비행하는 것도 나의 마력 때문인데 도무지 그 힘을 사용할 수가 없어. 심지어 내 몸이나 마찬가지인 유령선조차 지금은 내 뜻대로 움직이질 않아."

"그럴 수가!"

하늘을 날거나 우주를 비행하거나 시간 여행을 하는 것은 모두 미카엘의 마력 덕분이다. 그런데 그 힘을 사용할 수 없다고? 어째서? 갑자기 왜?

"잠깐! 이러고 있을 때가 아니에요. 어쨌든 라파엘의 옆으로 왔으니 서둘러 구하자고요. 문을 열어 주세요."

아름이의 말에 멍해 있던 우리는 서둘러 배의 갑판으로 올라갔다. 그런데 마법의 힘을 사용할 수 없는 미카엘은 갑판 문도 열 수 없었다. 우리는 직접 힘을 모아 갑판 문을 열어야 했다.

덜컹!

"라파엘! 괜찮아요? 정신 차려요!"

화성에 내려선 우리는 라파엘을 향해 달렸다. 라파엘은 많이 고통스러워 보였다. 우리를 본 라파엘이 간신히 고개를 들며 힘겹게 말했다.

"아니? 여러분이 어떻게 여기에? 이런, 루시퍼가 노린 것이 이것이었나? 도망치세요! 이건 함정······."

"네? 그게 무슨······?"

"끼에에에에에!"

그때였다. 우리 위쪽 언덕에서 거대한 벌레들이 괴성을 지르며 나타났다. 벌레는 하나같이 아주 징그럽고 괴상하게 생겼는데 그 크기가 자동차만 했다. 벌레가 닫고 서 있는 언덕은 마치 운석이 떨어진 것처럼 푹 파여 있었다. 주위를 둘러보니 그렇게 파인 곳이 듬성듬성 보였다.

"히이이익! 버, 버, 벌레다! 어, 엄청나게 커!"

야무진이 얼굴이 하얗게 질린 채 덜덜 떨며 소리쳤다. 미카엘이 라파엘에게 외쳤다.

"라파엘! 괜찮은가? 어떻게 된 거야? 저 녀석들은 대체 뭔가?"

"크윽! 미카엘, 이곳 화성은 루시퍼가 암흑 마법으로 모두 장악해 버렸습니다. 이곳에선 수학 대천사의 마법은 사용할 수 없어요. 화성의 궤도에 들어서자마자 알 수 없는 힘에 의해 마력을 모두 잃고 추락했습니다."

"뭣이? 일시적인 게 아니었단 말인가? 자네도 마법을 쓸 수 없다니……."

"루시퍼는 제가 추락했을 때 손쉽게 저를 죽일 수도 있었을 텐데 어쩐지 아무런 위해도 가하지 않았습니다. 이제 보니 여러분이 저를 구하러 올 걸 예상하고 덫을 놓은 모양입니다."

"이런! 우리가 당했단 말인가!"

"으악! 조심해, 올림아!"

일원이가 소리쳤다. 깜짝 놀라 언덕 위를 올려다보니 징그러운 벌레 서너 마리가 우리를 향해 뛰어오고 있었다.

"해, 해골 목걸이!"

나는 목에 걸어 두었던 해골 목걸이를 재빨리 꺼내 벌레 무리를 향해 내뻗었다. 그러나 해골 목걸이는 아무런 작동도 하지 않았다.

"뭐야, 이거? 왜 이래?"

"마, 맞아! 우주복 무기! 나와라, 로켓 미사일!"

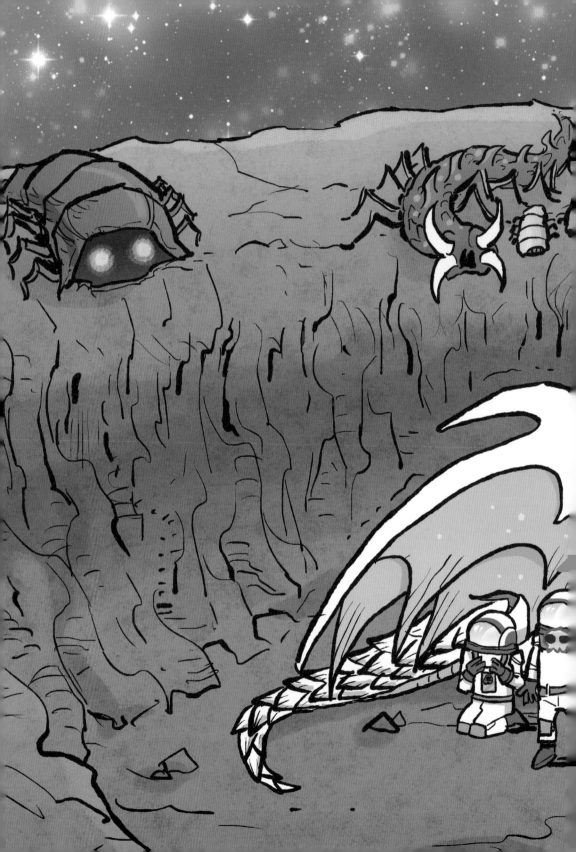

평소 손톱만 한 벌레에도 기겁하는 야무진이 우주복의 버튼을 마구 눌러댔지만 역시 아무런 작동도 하지 않았다.

"히익! 이건 또 왜 이래! 어떻게 된 거야?"

그런 우리를 지켜보던 미카엘이 크게 소리쳤다.

"소용없다. 말하지 않았느냐? 너희의 마법 아이템이나 그 우주복도 모두 내가 가진 매스 크리스털의 힘에 기초한 마법이 담겨 있다. 그 힘을 모두 잃었으니 이제 너희는 아무런 무기도 없단 말이다! 어서 도망쳐라! 배 안으로 다시 들어와!"

"이, 이런 말도 안 되는……!"

불과 몇 분 전만 해도 우리는 강력한 무기들이 잔뜩 장착된 마법의 우주복과 마법 아이템으로 무장하여 천하무적이 된 기분이었는데…….

"이봐, 반올림! 여기는 우리가 막겠다! 어서 유령선 안으로 피해!"

"해, 해골 대왕!"

"어서 피해! 여기 있다간 벌레밥이 된단 말이다! 자, 몬스터들이여 나를 따르라!"

"우와아아아!"

유령선에 있는 몬스터들의 대장, 해골 대왕이 부하 몬스터들에게 우리를 빙 둘러싸도록 지시했다. 덕분에 우리는 잠시 벌레로부터 벗어날 수 있었고 그 틈을 타 유령선 안으로 피할 수 있었다.

"으윽! 분해! 해골 목걸이의 광선 마법이면 모두 해치울 텐데!"

"내 헤드셋 마법으로 숫자 몇 방 날리면 되는데!"

그때 숫자벨 여사가 우리를 막아서며 말했다.

"잠깐만요, 여러분! 수학 대천사님들의 마법은 차단됐지만 저는 아닙니다. 제가 가진 마법의 힘은 차단되지 않았어요."

"네? 숫자벨 여사님의 마법이요?"

그랬다. 숫자벨 여사는 수학 대천사는 아니지만 약간의 마법을 사용할 수 있었다. 하지만 숫자벨 여사의 마법은 보통 우리의 옷을 갈아입혀 주거나 하는 정도의 미약한 마력이다.

"저 몬스터들의 정체를 한번 확인해 볼게요. 이얍!"

숫자벨 여사가 멀리 있는 벌레에게 초록색 마법 광선을 날렸다. 그 마법은 공격용이 아닌 적을 탐색하는 용도였다. 놀랍게도 광선에 맞은 벌레의 몸에 수학 공식이 나타났다.

$$3 \div \frac{1}{2}$$

"어? 올림아! 분수의 나눗셈이 나타났어!"

일원이 말대로 그건 자연수 나누기 단위 분수의 문제였다.

"예상대로군요. 저 몬스터들은 루시퍼가 암흑의 수학 마법으로 만들어 낸 돌연변이 생물체들이에요. 반올림 군, 저 문제의 답을 알 겠어요?"

"아, 네! 자연수 나누기 단위 분수 문제는 어렵지 않아요. 3에서 $\frac{1}{2}$을 여섯 번 뺄 수 있으니까 $3 \div \frac{1}{2} = 6$이에요."

그러자 놀라운 일이 벌어졌다. 내가 정답을 말함과 동시에 $3 \div \frac{1}{2}$ 이라는 수학식이 적혀 있던 벌레가 힘없이 풀썩 쓰러지며 잠에 빠지는 게 아닌가?

"끼루룩……."

"오잉? 잠들어 버렸잖아?"

"해, 해치운 것 같은데?"

그때 우리 뒤쪽으로 또 다른 벌레 하나가 날개를 펼치며 공중에서 우릴 덮치려 했다.

"으악! 꼴뚜기! 위에서도 온다!"

"이얍!"

숫자벨 여사가 그 벌레를 향해 또다시 초록색 광선을 쏘았다. 이번엔 $\frac{4}{5} \div \frac{1}{5}$ 이라고 적힌 진분수끼리의 나눗셈이 나타났다.

"진분수끼리의 나눗셈이야! $\frac{4}{5}$ 에서는 $\frac{1}{5}$ 을 네 번 뺄 수 있으니까 $\frac{4}{5} \div \frac{1}{5} = 4$!"

"끼루룩……."

"끼야아아아악! 징그러워!"

벌처럼 생긴 돌연변이 벌레는 공중에서 잠이 들어 바닥에 풀썩 떨어져 버렸다. 코앞에서 자동차만 한 벌레를 본 야무진이 질색을 하며 도망쳤다.

"조, 좋아! 어쨌든 이걸로 막을 수 있겠어!"

"이봐, 반올림! 방법을 찾은 거냐? 이쪽도 좀 도와줘! 이 녀석들 너무 강해!"

퍼억!

"으아악!"

해골 대왕이 우리 쪽을 돌아보며 다급하게 외쳤다. 그러다 그만 벌레의 더듬이에 맞아 비명을 지르며 날아가 버렸다.

"지금 갈게요, 해골 대왕! 숫자벨 여사님?"

"좋아요! 계속해서 마법을 쏠 테니 벌레에 나타나는 문제를 맞혀 주세요!"

그렇게 우리는 숫자벨 여사를 선두로 하여, 해골 대왕과 몬스터들이 화성 벌레들에 맞서 싸우고 있는 싸움 한복판에 들어섰다. 숫자벨 여사는 벌레들에게 초록색 광선을 멈추지 않고 쏘았다. 아름이가 왼쪽 벌레에 나타난 수학식을 보며 외쳤다.

"오, 올림아! 여기 이 녀석은 분모가 서로 다른데? $\frac{3}{4} \div \frac{2}{5}$ 라는 식이야!"

"별거 아냐! 통분해서 계산하면 어렵지 않아! $\frac{3}{4} \div \frac{2}{5}$ 를 통분하면

이 $\frac{15}{20} \div \frac{8}{20}$ 이 되잖아!"

"아하! 그럼 $\frac{3}{4} \div \frac{2}{5} = \frac{15}{20} \div \frac{8}{20}$ 이니까 $15 \div 8 = \frac{15}{8}$ 구나!"

아름이의 말이 끝나기 무섭게 그 벌레도 잠들어 쓰러졌다. 이번엔 오른쪽에 있던 일원이가 외쳤다.

"올림아! 이 녀석은 자연수 나누기 진분수인데? $5 \div \frac{4}{7}$ 는 어떻게 해야 돼?"

"자연수 5를 분수로 바꿔 봐. $\frac{5}{1} = \frac{35}{7}$ 지? 그럼 $5 \div \frac{4}{7} = \frac{35}{7} \div \frac{4}{7}$ 가 되잖아."

"그렇구나! 그렇다면 $5 \div \frac{4}{7} = \frac{35}{7} \div \frac{4}{7} = 35 \div 4 = \frac{35}{4}$ 가 되니까 정답은 $\frac{35}{4}$!"

그렇게 일원이도 오른쪽에 있던 벌레를 잠재우는 데 성공했다. 내 앞에 떡하니 나타난 녀석은 집채만 한 돌연변이 풍뎅이였다. 녀석에게서는 큰 덩치에 걸맞은 대분수의 나눗셈 문제가 나타났다. $2\frac{1}{4} \div \frac{3}{5}$ 이었다. 내가 문제를 채 읽기도 전에 야무진이 나를 마구 흔들며 보챘다.

"히익! 가, 가까이 오잖아! 뭐하고 있어, 반올림! 빨, 빨리 정답을 말해!"

"어휴, 알았어! 흔들지 좀 마!"

우선 $2\frac{1}{4} = \frac{9}{4}$이므로 $2\frac{1}{4} \div \frac{3}{5} = \frac{9}{4} \div \frac{3}{5}$이다. 이것을 통분하면 $\frac{9}{4} \div \frac{3}{5} = \frac{45}{20} \div \frac{12}{20}$가 된다. 그러니 $45 \div 12 = \frac{45}{12}$가 되지. 식으로 나타내면 $2\frac{1}{4} \div \frac{3}{5} = \frac{9}{4} \div \frac{3}{5} = \frac{45}{20} \div \frac{12}{20} = 45 \div 12 = \frac{45}{12}$가 된다.

"정답은 $\frac{45}{12}$!"

"쿠어어워."

투웅!

굉음을 내며 돌연변이 풍뎅이가 잠들어 쓰러졌다. 성공이다!

"잘하고 있다. 반올림, 이쪽도 도와줘!"

"좋았어! 어디 한번 해보자고! 갑니다!"

2장
강력한 화성
몬스터

얼마나 시간이 지났을까?

"헉헉."

"숫자벨 여사님, 괜찮으세요?"

숫자벨 여사는 끝없이 나타나는 벌레들을 향해 쉴 틈 없이 마법을 사용했다. 다소 얼굴이 창백해진 숫자벨 여사가 이마에 맺힌 땀을 닦으며 말했다.

"으음. 아직은 버틸 만해요. 하지만 마력에 한계가 있어서 이런 식으로는 오래 버티지 못할 겁니다."

말을 마친 숫자벨 여사는 알셈을 바라보며 한동안 생각에 잠기는 듯했다. 알셈도 카메라 렌즈를 깜빡거리며 숫자벨 여사를 마주 보았다.

"왜 그러시나요, 숫자벨 여사님?"

"어쩌면……. 흠, 잠시 그대로 있어요, 알셈."

숫자벨 여사는 알셈의 머리 위에 손을 얹더니 중얼중얼 주문을 외우며 반짝이는 빛을 알셈에게 주입했다. 그런데 알셈은 겉보기에는 아무런 변화가 없어 보였다.

"자, 알셈. 이제 저 벌레들을 한번 바라보세요."

"네에? 갑자기 웬…… 오잉?"

시큰둥하게 벌레 쪽으로 렌즈를 돌린 알셈은 크게 놀라며 렌즈를 데구루루 굴렸다. 도통 영문을 알 수 없는 우리는 알셈에게 이구동성으로 물었다.

"왜 그래, 알셈?"

"보, 보인다! 인간들! 내 눈에 벌레들의 몸에 나타난 수학식이 모두 보인다고!"

"뭐어? 그게 정말이야?"

우리는 알셈과 숫자벨 여사를 번갈아 바라보았다.

"알셈의 카메라 렌즈에 마법을 주입했어요. 이제 알셈의 배터리가 남아 있는 한, 그가 보는 몬스터의 몸에는 수학식이 나타날 겁니다. 인간의 눈에는 할 수 없지만 혹시 기계의 렌즈에는 주입할 수 있지 않을까 싶었는데…… 성공이군요."

다행이다. 이제 더 이상 숫자벨 여사의 마력 소모를 염려하지 않아도 된다.

"좋아! 인간들! 날 따라와. 너희 눈에는 안 보일 테니 내가 수학식을 모조리 읽어 줄게."

"좋았어! 숫자벨 여사님, 이제 조금 쉬고 계세요. 이러다 쓰러지

시겠어요."

"그래 주겠어요? 고마워요, 여러분."

그렇게 알셈을 앞장세워 우리가 또 다른 벌레 무리로 나아가려
할 때였다.

"잠깐만! 숫자벨 여사님, 혹시……?"

말을 꺼낸 건 다름 아닌 야무진이었다. 야무진은 걸음을 멈추고
숫자벨 여사에게 다가가 무언가 말을 건넸다.

"이 긴박한 와중에 저 노랑머리 녀석은 어서 오지 않고 뭘 하는
거래?"

"설마 저기서 숫자벨 여사님하고 같이 쉬려는 속셈은 아니겠지?"

우리는 야무진의 굼뜬 행동이 못마땅해 한 마디씩 했다. 그런데
잠시 후 우리 쪽으로 온 야무진이 꽤나 기특한 이야기를 꺼냈다.

"기계의 렌즈에 마법을 걸 수 있다는 걸 알고 생각했지. 자, 이걸
보라고! 짠!"

"이 모습은……! 그렇다면 이 스마트폰에?"

"그래! 이제 스마트폰 렌즈로 몬스터를 비추면 수학식을 볼 수 있
다는 말씀!"

"우와, 제법인데? 어떻게 그런 생각을?"

"으하하하! 내가 이래봬도 알아주는 얼리어답터라는 말씀! 설마 잊은 건 아니겠지?"

야무진은 오랜만에 듣는 칭찬에 잔뜩 우쭐해져서 껄껄 웃었다.

"아무튼 잘했어. 자, 서두르자. 저기 앞에 있는 녀석들이 마지막인 것 같아."

알셈의 렌즈와 야무진의 스마트폰 렌즈에 담긴 마법의 힘 덕분에 우리는 차례로 벌레들을 잠재워 나갈 수 있었다. 알셈은 자신의 렌즈로 본 몬스터들의 수학식을 빠르게 읽어 주었고, 피타고레 박사님께서 재빨리 답을 외치셨다. 야무진은 의기양양하게 스마트폰으로 몬스터를 비추었다. 그러나 수학 실력이 형편없는 야무진이 풀 수 있는 문제는 없었다. 할 수 없이 나와 야무진이 콤비가 되어 야무진의 스마트폰 화면을 들여다보고 문제를 풀었다. 또 내가 읽어 주는 문제를 아름이, 일원이가 번갈아가며 풀었다. 모두 힘을 합쳐 문제를 푸니 어느덧 벌레들을 몽땅 잠재우는 데 성공했다.

"후유! 고생했어. 일단 위기는 넘긴 것 같아."

내가 주위를 둘러보며 말했다. 우리 주위엔 잠든 돌연변이 벌레

가 가득했다. 그 모습은 차들로 빽빽이 채워진 대형 주차장을 연상

시켰다. 야무진이 주위를 빙 둘러보더니 질색하며 말했다.

"으, 정말 끔찍해. 꼭 끈끈이 위에 있는 것 같아. 어서 라파엘을

유령선에 태우고 여길 벗어나자!"

"아니, 안타깝게도 아직 내 힘이 돌아오지 않았다. 벌레들은 잠

들었지만 아무래도 그것들과 내 힘이 돌아오는 것은 아무 상관이

없는 모양이야."

미카엘이 말했다. 미카엘의 힘이 돌아오지 않는다면, 유령선은

우주 비행을 할 수 없다.

"네에? 아직도요?"

"저 역시 마찬가지입니다. 유령선에 타려면 새끼 드래곤으로 변

신해야 하는데 지금으로선 움직일 힘도 없습니다."

라파엘이 괴로운 목소리로 말했다.

"그렇다면 어떻게 해야 하죠?"

"화성 어딘가에 있는 루시퍼를 찾아 공격하는 방법밖에 없을 것

같습니다. 아니면 루시퍼가 사용하는 어떤 마법 장치를 파괴해야

겠지요. 저와 미카엘의 마법을 차단하고 있는 무언가가 분명히 있

을 겁니다."

라파엘의 말에 이어 미카엘이 말했다.

"라파엘 말이 맞다. 우리 같은 수학 대천사를 둘이나 꼼짝 못하게 할 정도라면, 분명 루시퍼도 마법 주문을 외우느라 온 정신을 집중하고 있을 테지. 만일 그 녀석이 어디 있는지만 찾는다면 쓰러뜨리는 것도 어렵지 않을 거야."

"그렇다면……."

우리가 본격적으로 루시퍼를 공격할 계획을 짜려던 그때였다.

쿠웅! 쿠웅!

굉음과 함께 땅이 규칙적으로 크게 진동했다.

"뭐, 뭐야? 땅이 흔들려!"

"아니? 뭔가 엄청난 힘이 가까이 다가오는 게 느껴진다. 모두 조심해!"

미카엘의 경고가 끝나기도 전에 우리는 그 정체를 눈으로 확인할 수 있었다. 조금 전 벌레들이 튀어나온 그 언덕 위에 거대한 골렘이

나타났다. 우리 키만 한 정육면체 여러 개가 쌓여 사람의 형상을 한
골렘이었다. 쌓기나무 여러 개를 쌓은 것 같은 골렘은 크기가 웬만
한 고층 아파트만 했다. 우리 머리 위로 거대한 그림자가 드리웠다.

"으아아악! 뭐, 뭐야, 이건 또!"

"골렘. 인간. 대천사. 파괴. 한다."

"마, 막아라!"

퍼어억!

"으아악!"

해골 대왕이 이끄는 몬스터 무리가 접근을 제지하려고 골렘의 다리에 달라붙었지만 골렘의 발길질 한 번에 우수수 나가떨어졌다. 골렘은 비록 동작이 조금 느리긴 해도 덩치만큼 실로 엄청난 파괴력을 보였다.

"인간들! 저 녀석에게서도 수학식이 보여!"

"엇? 정말이다! 내 스마트폰으로도 보여!"

알셈과 야무진이 다급하게 외쳤다. 우리는 빠르게 뒷걸음질하면서 골렘에 적힌 수학식을 읽어 나갔다. 야무진의 스마트폰에 비친 골렘의 가슴에 소수의 나눗셈이 슬쩍 보였다.

"야무진! 크게 읽어 줘."

"반올림! $9.6 \div 1.2$라고 나와. 어, 이건 그러니까……."

야무진이 우물쭈물하는 게 답답해서 내가 얼른 말했다.

"으이그! 어려울 것 없어. 소수 한 자리 수끼리의 나눗셈이지? 소수점이 없다고 생각해 봐. 소수점만 빼고 나눗셈을 하면 어렵지 않을 거야."

"응? 그럼 9.6 ÷ 1.2 = 96 ÷ 12니까 정답은 8?"

야무진이 자신 없는 목소리로 말했다. 정답이다.

"골렘. 작동. 정지."

"오잉? 정답이야? 으하하하! 아름아! 얘들아! 봤지? 봤지? 내가 정답을 맞혔……!"

"으아아악! 부서져 내린다! 피해!"

야무진이 한바탕 잘난 척을 늘어놓으려는 그때 예상치 못한 대형 사고가 터졌다. 골렘은 돌연변이 벌레들처럼 잠들어 버리지 않았다. 대신 머리 부분부터 조립이 분해되어 거대한 정육면체가 힘을 잃고 하나씩 우리 앞에 떨어졌다.

쿵! 쿵! 쿵!

"히이익! 사람 살려!"

"달려! 달려!"

나와 야무진은 사정없이 떨어지는 거대 정육면체를 피해 부리나케 달렸다. 지구와 중력이 다른 화성이라 마음먹은 만큼 빠르게 달릴 수는 없었지만, 정육면체도 빠르게 떨어지지 않아 간신히 깔리는 사태는 피할 수 있었다.

"헉헉, 죽을 뻔했다."

"그러게 말이야. 하마터면 깔려서 오징어가 될 뻔……."

나와 야무진이 숨을 고르던 그때 머리 위로 다시 거대한 그림자가 드리워졌다. 뒤를 돌아보자 또 다른 골렘 하나가 천천히 발을 들어 우리를 밟으려 하고 있는 게 아닌가?

"골렘. 인간. 죽인다."

"으아악! 잠깐만!"

야무진이 재빨리 스마트폰으로 골렘을 비췄다.

"또, 또 소수의 나눗셈이야! 1.82 ÷ 0.26이라고 나오는데? 그, 그럼 이것도 182 ÷ 26으로 계산하면 되는 거지? 그럼 1.82 ÷ 0.26 = 182 ÷ 26 = 7이니까 정답은 7!"

"으앗! 잠깐만, 정답이긴 한데 지금 말하면……!"

"골렘. 작동. 정지."

골렘이 와르르 무너져 내리기 시작했다. 이번에는 우리 코앞에서!

"지금 작동을 멈추면 이렇게 되잖아, 바보야!"

"히이익! 미, 미안해!"

"너 때문에 정말 못살아!"

"엄마야!"

꼭 무너지는 건물에서 탈출하는 기분이었다. 지구와 화성의 중력이 달랐기에 망정이지 하마터면 야무진과 나란히 오징어 두 마리가 될 뻔했다. 그때 알셈의 무전이 들려왔다.

"이봐, 꼴뚜기! 너 어디 간 거야? 여기 한 마리 더 있다고!"

"아, 응! 야무진이랑 있어. 넌 피타고레 박사님과 함께 있는 것 아니야?"

"그렇긴 한데 갑자기 뒤쪽에서 골렘 더미가 우르르 무너져 내렸어. 나와 박사님은 더미에 깔린 몬스터들을 꺼내느라 문제를 풀 여력이 없어!"

나는 야무진을 째려봤다. 결국 이 녀석이 친 사고에 착한 몬스터들이 깔려 버렸군. 옆에서 무전을 들은 야무진이 헛기침을 하며 먼 곳을 바라보았다.

"어휴, 알았어. 그럼 문제를 말해 줘. 내가 풀어 볼게."

"그래. 문제는 7.5 ÷ 1.25야. 풀 수 있겠어?"

알셈이 말한 문제는 자릿수가 다른 소수의 나눗셈 문제였다. 야무진이 말했다.

"반올림, 이것도 똑같이 $75 \div 125$로 계산을 하면…… 안 되나?"

"아냐. 자릿수가 다를 땐 소수를 분수로 고쳐서 계산하면 편해. 7.5는 분수로 $\frac{75}{10}$가 되고, 1.25는 $\frac{125}{100}$가 되지? 그러니까 $7.5 \div 1.25 = \frac{75}{10} \div \frac{125}{100}$가 되는 거야."

"아하! 그럼 통분하면 $\frac{750}{100} \div \frac{125}{100}$가 되는군?"

"그렇지. 그러니까 $7.5 \div 1.25 = \frac{75}{10} \div \frac{125}{100} = \frac{750}{100} \div \frac{125}{100} = 750 \div 125 = 6$이 되는 거야. 알셈! 정답은 6이야!"

잠시 후 알셈이 정답을 외쳤는지 저 멀리 있는 골렘이 와르르 무너져 내리는 것이 보였다. 그렇게 골렘 세 마리를 모두 무너뜨린 우리는 다시 한곳에 모였다. 피타고레 박사님께서 말했다.

"그런데 여전히 미카엘과 라파엘은 마력이 돌아오지 않는 것 같구나."

"음. 아무래도 루시퍼를 찾아봐야겠어요."

"그래야겠구나. 일단 더 이상 또 다른 몬스터는 오지 않는 것 같으니……."

"앗? 인간들! 저길 봐!"

알셈이 언덕 너머를 가리키며 다급한 기계음으로 말했다. 끔찍

한 광경에 절로 몸이 떨렸다. 언덕 너머에서 지금까지 우리가 물리친 것만큼의 규모로 벌레와 골렘이 떼로 다가오고 있었다.

"으아아악! 정말 미치겠네!"

"대체 이 몬스터들은 어디서 이렇게 끝도 없이 밀려오는 거야?"

"일단 방법이 없잖아! 자, 또 가자고!"

그렇게 우리는 또다시 같은 일을 반복했다. 야무진이 발을 동동 구르며 말했다.

"으윽, 안 돼! 이러다 알셈과 내 스마트폰 충전이 모두 방전되는 순간 우리는 벌레밥이 되고 말 거야!"

징징대는 야무진을 보자니 화가 치밀어 한 마디 쏘아붙였다.

"야무진, 넌 정말 이 상황에서 꼭 그런 말을 해야겠어?"

"인간들! 둘 다 조용히 하고 벌레나 재워! 지금 싸울 때가 아니라고!"

그렇게 알셈까지 더해 셋이 옥신각신하고 있을 때 미카엘이 말했다.

"안 되겠다. 반올림! 너와 야무진, 일원이, 아름이 네 명은 지금 이곳을 빠져나가라. 가서 이 몬스터들이 생성되는 곳을 찾아. 이 몬스터들은 루시퍼의 마법에 의해 계속해서 만들어지는 게 분명해."

"저희 넷만요? 그럼 피타고레 박사님과 알셈은요?"

"저 로봇의 렌즈로 몬스터의 수학식을 볼 수 있고, 박사가 문제를 풀면 이곳은 버틸 수 있다. 너희는 숫자벨이 마법을 걸어 준 그 스마트폰이 있지 않느냐."

아하! 미카엘 말은 이곳에 남아 미카엘과 라파엘을 지키는 방어팀과 루시퍼의 본진을 공격하는 공격팀으로 나누자는 것이다. 미카엘이 계속 설명했다.

"다행히 나와 라파엘은 이 몬스터들의 악한 기운이 있는 곳을 느낄 수 있다. 내가 저 로봇을 통해 무전으로 알려 줄 테니 너희는 서둘러 그곳으로 가라. 이 벌레와 골렘이 생성되는 곳부터 먼저 깨부순 뒤 루시퍼한테 가는 것이다. 알겠느냐?"

"아, 알았어요. 얘들아, 가자!"

"알셈! 박사님! 이곳을 잘 부탁해요!"

"삼촌! 조심하세요!"

나와 아름이, 일원이, 야무진은 뒤쪽으로 빠져나가며 알셈과 박사님께 손을 흔들었다. 미카엘 말대로 알셈은 렌즈를 통해 벌레와 골렘에 나타난 수학식을 말하고, 피타고레 박사님께서 문제를 풀어 몬스터들을 재웠다.

"그래, 얘들아. 우리 걱정은 말고 조심해서 다녀오거라!"

"서둘러, 꼴뚜기! 너희만 믿는다!"

'좋아, 해보자. 이런 곳에서 죽을 수는 없지!'

여러분, 본문 속에 녹아 있는 분수의 나눗셈과 소수의 나눗셈에 대해 더욱 자세히 알아볼까요?

1 분수의 나눗셈에 대해 알아봅시다.

분수의 나눗셈은 생활에서 많이 접하는 나눗셈 문제를 해결하는 데 도움을 줍니다. 예를 들어 $\frac{5}{8} \div \frac{1}{8}$ 은 $\frac{5}{8}$ 를 $\frac{1}{8}$ 만큼씩 다섯 번 뺄 수 있으므로 $\frac{5}{8} \div \frac{1}{8}$ = 5입니다.

자연수 ÷ 단위 분수의 계산

$3 \div \frac{1}{2}$ 은 3에서 $\frac{1}{2}$ 을 여섯 번 뺄 수 있으므로 $3 \div \frac{1}{2}$ = 6입니다.

분모가 같은 진분수끼리의 나눗셈

$\frac{4}{5} \div \frac{1}{5}$ 은 $\frac{4}{5}$ 에서 $\frac{1}{5}$ 을 네 번 뺄 수 있으므로 $\frac{4}{5} \div \frac{1}{5}$ = 4입니다. 식으로 정리하면 $\frac{4}{5} \div \frac{1}{5}$ = 4 ÷ 1 = 4입니다. 그러므로 분모가 같은 분수의 나눗셈은 분자들의 나눗셈과 같지요.

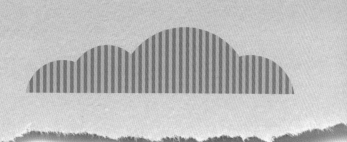

분모가 다른 진분수끼리의 나눗셈

분모가 다른 나눗셈은 통분을 이용합니다. $\frac{3}{4} \div \frac{2}{5}$를 볼까요?

통분하면 $\frac{3}{4} \div \frac{2}{5} = \frac{15}{20} \div \frac{8}{20} = 15 \div 8 = \frac{15}{8}$ 가 됩니다.

자연수 ÷ 진분수의 계산

$5 \div \frac{4}{7}$를 계산해 볼까요?

$\frac{5}{1} = \frac{35}{7}$이므로 $5 \div \frac{4}{7} = \frac{35}{7} \div \frac{4}{7} = 35 \div 4 = \frac{35}{7}$이 됩니다.

대분수의 나눗셈

$2\frac{1}{4} \div \frac{3}{5}$을 계산해 봅시다. $2\frac{1}{4} = \frac{9}{4}$이므로 $2\frac{1}{4} \div \frac{3}{5} = \frac{9}{4} \div \frac{3}{5}$입니다. 이것을 통분하면 $\frac{9}{4} \div \frac{3}{5} = \frac{45}{20} \div \frac{12}{20} = 45 \div 12 = \frac{45}{12}$가 됩니다.

분수의 나눗셈

분수의 나눗셈은 나누는 분수의 분자와 분모를 바꾸어 곱한 것과 같습니다.

예를 들어 $\frac{2}{3} \div \frac{5}{6} = \frac{2}{3} \times \frac{6}{5} = \frac{4}{5}$가 되지요.

2 소수의 나눗셈에 대해 알아봅시다.

소수 한 자리 수 ÷ 소수 한 자리 수의 계산

소수점이 같을 때는 자연수라고 생각하고 계산합니다. $9.6 \div 1.2$를 계산해 볼까요? $9.6 \div 1.2 = 96 \div 12 = 8$이 됩니다.

소수 두 자리 수 ÷ 소수 두 자리 수 계산

소수 두 자리 수끼리의 계산도 마찬가지입니다. 소수점이 같으므로 자연수라 생각하고 계산하세요. 그러므로 $1.82 \div 0.26 = 182 \div 26 = 7$이 됩니다.

자릿수가 다른 소수의 나눗셈

자릿수가 다른 소수끼리 계산할 때는 분수로 고쳐서 계산하는 게 편합니다. $7.5 \div 1.25$를 식으로 나타내면 다음과 같습니다.

$$7.5 \div 1.25 = \frac{75}{10} \div \frac{125}{100} = \frac{750}{100} \div \frac{125}{100} = 750 \div 125 = 6$$

3 소수를 분수로 나누는 방법에 대해 알아봅시다.

이때는 둘 다 소수로 바꾸거나 둘 다 분수로 바꾸어 계산하면 됩니다. 예를 들어 $0.8 \div \dfrac{2}{5}$를 계산해 봅시다. 0.8을 분수로 고치면 $\dfrac{4}{5}$가 되므로 식으로 나타내면 다음과 같습니다.

$$0.8 \div \dfrac{2}{5} = \dfrac{4}{5} \div \dfrac{2}{5} = 2$$

이번에는 $\dfrac{2}{5}$를 소수로 바꾸는 경우를 생각해 봅시다.

$$0.8 \div \dfrac{2}{5} = 0.8 \div 0.4 = 8 \div 4 = 2$$

"올림아! 괜찮니?!"

"앗, 너희 왔구나. 피타고레 박사님도 오셨네요."

이곳은 피타고레 박사의 탐정 사무소에서 얼마 떨어지지 않은 거리에 있는 병원이다. 올림이는 체육 시간에 축구를 하다 다리를 다치는 바람에 이 병원에 입원했는데, 일원이와 아름이 그리고 피타고레 박사가 올림이의 병문안을 온 것이다. 피타고레 박사가 병원 침대에 누워 있는 올림이를 보며 걱정스럽게 물었다.

"그래, 올림아. 다리는 좀 어떠니?"

"아하하, 조금 삔 것뿐이에요. 일주일 정도 깁스를 하면 돼요."

"그만하길 천만다행이야. 그런데 일원이랑 부딪혔다면서?"

아름이는 그렇게 말하며 함께 온 일원이를 째려보았다. 올림이가 다리를 삔 건 일원이가 무리하게 건 태클에 잘못 넘어졌기 때문이었다. 일원이가 머쓱한 얼굴로 딴청을 부렸다.

"아, 아니, 난 그냥 공을 뺏어 드리블을 한 것뿐인데……."

올림이는 일원이를 보며 고개를 절레절레 흔들었다.

"그래. 다만 어깨로 날 그렇게 들이받으며 드리블을 할 필요는 없었는데 말이지."

"어휴, 아무튼 이만하길 천만다행이구나. 자, 이거 받거라. 병문안을 오는데 빈손으로 올 수야 없지."

피타고레 박사가 손에 든 커다란 과일 바구니를 올림이에게 내밀었다.

"우와, 정말 큰 과일 바구니네요? 고맙습니다, 박사님. 잘 먹을게요."

일원이의 눈이 과일 바구니를 따라 요리조리 움직였다. 사실 피타고레 박사가 과일 바구니를 고를 때부터 일원이는 군침을 흘렸다. 탐스러운 과일들이 너무나 맛있어 보여서 일원이는 눈을 뗄 수 없었다. 일원이를 본 아름이가 한 마디 했다.

"일원이 너! 너 때문에 올림이가 다쳤는데 이 와중에 그게 먹고 싶니?"

"그래도 한두 개만 지금 꺼내 먹으면 안 될까?"

"어휴, 정말 못 말려. 먹고 싶으면 같이 먹자. 자, 우선 포장을 뜯고……."

올림이가 일원이에게 과일을 주려 포장을 뜯자 아름이가 말렸다.

"안 돼! 일원이 넌 올림이한테 미안하지도 않니? 병문안까지 와서 먹을 걸 탐내고 말이야."

"히잉. 그거랑 과일이랑은 상관없잖아. 올림이가 준다는데 네가 왜 그래!"

"뭐야?"

"어이쿠, 싸우지들 말거라. 아! 그럼 이렇게 하면 어떻겠니?'

아름이와 일원이의 언성이 높아지자 피타고레 박사가 둘을 말리며 제안했다. 피타고레 박사의 제안은 수학 문제를 내서 일원이가 맞히면 원하는 만큼 과일을 먹게 해 주자는 것이었다.

"좋아요!"

일원이는 먹는 문제라면 늘 자신 있었기에 흔쾌히 응했다.

"어서 문제를 내주세요, 박사님."

박사는 먼저 과일 바구니 안을 잠시 들여다보고는 일원이에게 말했다.

"자, 이 과일 바구니 안에 있는 과일이 전부 몇 개인지 맞히는 문제란다. 이 바구니 안의 과일 중 $\frac{1}{2}$은 사과, $\frac{1}{4}$은 딸기, $\frac{1}{7}$은 포도다. 그리고 바나나가 3개 있구나. 이 바구니 안에 있는 과일이 전부 몇 개인지 말해 보거라."

"예엣? 그게 뭐예요! 바나나 말고는 모두 분수잖아요!"

"모르면 못 먹는 거지 뭐. 흥! 자, 올림아. 내가 사과 깎아 줄게."

"아하하, 고마워. 일원아, 빨리 계산해야겠다."

아름이는 사과 하나를 꺼내 깎기 시작했고, 피타고레 박사는 포크를 꺼내 올림이에게 건넸다. 그 모습을 보니 일원이는 더욱 조급해졌다.

"딸기, 바나나, 사과…… 몽땅 먹고 싶은데……. 힝."

그런데 일원이는 과일 바구니 안에 몇 개의 과일이 있는지 도통 알 수 없었다. 과연 이 과일 바구니 안에는 몇 개의 과일이 들어 있을까?

해결

분수를 통분해서 모두 더한 뒤 자연수에 진분수를 나눠 계산하면 쉽다.

$\frac{1}{2}$은 사과, $\frac{1}{4}$은 딸기, $\frac{1}{7}$은 포도이며 바나나가 3개 있다고 했으니 계산식을 세워 풀어 보면 $\frac{1}{2} + \frac{1}{4} + \frac{1}{7} = \frac{25}{28}$ 이다. 그중 $\frac{3}{28}$ 이 바나나이다. 그러므로 전체 과일의 수는 $3 \div \frac{3}{28} = 28$(개)가 된다.

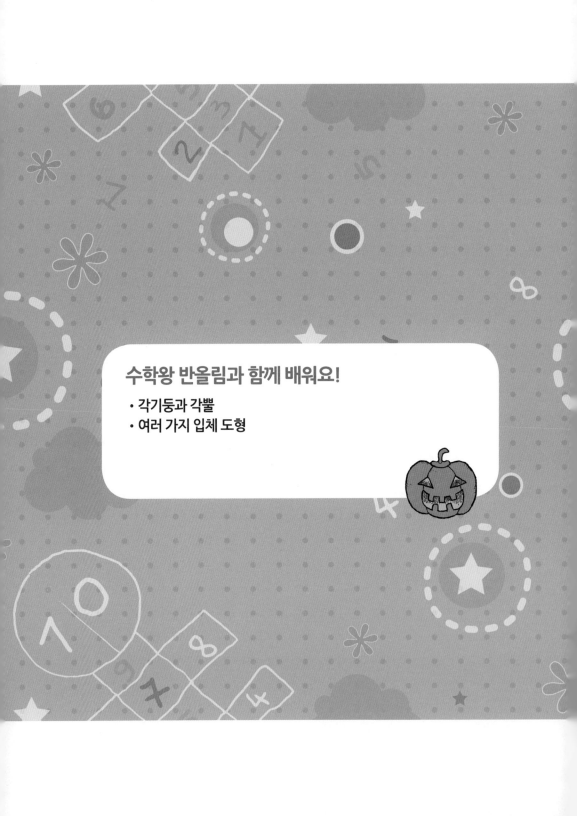

수학왕 반올림과 함께 배워요!

• 각기둥과 각뿔
• 여러 가지 입체 도형

여왕 벌레와
골렘 소환

3장
외계 몬스터
부화장!

"으으, 우주복을 입었는데도 추워. 대체 화성은 기온이 몇 도야?"

뒤따라오던 아름이가 몸을 떨며 말했다. 화성 땅에는 거친 모래와 얼음이 잔뜩 섞여 있었다. 야무진은 스마트폰을 꼼지락거리며 말했다.

"스마트폰에 있는 사전으로 검색해 보니 화성의 기온은 무려 영하 140도에서 영하 20도 사이래. 평균 약 영하 80도라는군."

"우와, 엄청나게 추운 곳이구나. 우주복을 벗는 순간 동태가 되겠는걸?"

일원이의 말에 괜히 나까지 오싹해졌다. 화성에서 루시퍼와 싸우게 된 이상 이곳의 정보를 알아 두어 나쁠 건 없지. 나는 야무진에게 화성에 대해 더 질문했다.

"그밖에 다른 정보는 없어?"

"음, 화성의 반지름은 지구의 절반인 약 3,400킬로미터이고, 질량은 지구의 $\frac{1}{10}$ 정도 된다고 해. 북반구는 용암에 의해 평평해진 평원이고, 남반구는 운석 충돌에 의해 움푹 파인 땅이라는군. 그리고 화성의 표면은 주로 현무암과 안산암의 암석으로 되어 있대."

"그러고 보니 아까 라파엘이 있던 곳의 땅이 푹 패여 있었잖아?"

"돌연변이 벌레가 튀어나와 그런 줄 알았더니…… 운석 충돌 때문이구나."

"맞아. 사실 화성은 아직까지 밝혀진 것이 별로 없어. 물이 있다는 가설도 있고, 생명체가 존재할지도 모른다는 설도 있지. 2003년에는 미국 항공 우주국 NASA에서 스피릿(Spirit)과 오퍼튜니티(Opportunity)라고 하는 탐사 로봇을 쏘아 올리기도 했어. 그 로봇들은 지금도 이곳 화성 어딘가에서 탐사 중일 거야."

그러고 보면 라파엘을 구하기 위해 온 것이긴 하지만 우리는 인류 최초로 화성에 도착한 셈이다. 미카엘이 만들어 준 마법 우주복 덕분에 아무 탈 없이 화성의 지면을 밟고 있다. 학교 친구들에게 말해 봤자 아무도 믿지 않겠지? 이런저런 이야기를 하며 우리는 미카엘이 무전으로 알려 주는 방향으로 계속 걸어 나갔다.

"반올림! 반올림, 들리는가?"

"앗, 미카엘! 네, 잘 들려요. 이제 어디로 가야 하죠?"

나는 무전에 답했다. 우리의 위치는 우주복 안에 있는 위치 추적 장치로 알셈에게 바로 전달된다. 알셈이 그 정보를 미카엘에게 알려 주면 미카엘이 루시퍼의 기운을 감지해 무전으로 우리에게 길을 안내해 주고 있다.

"음, 알셈이 보여 주는 화면을 보니 거의 다 왔다. 거기서 앞의 언덕을 넘어 오른쪽으로 300미터 정도만 더 가면 될 거다. 그곳에서 강한 외계 생명체의 기운이 느껴진다. 조심하도록!"

"알았어요! 그쪽은 괜찮나요?"

나는 미카엘 쪽 상황이 궁금했다. 잠시 지지직거리는 소리가 들리더니 미카엘 대신 알셈의 목소리가 들려왔다.

"치지직, 힘들어 죽겠어, 꼴뚜기. 치지직, 끝도 없이 몰려오니까 좀 서둘러 줘!"

"앗, 알셈이구나. 알았어! 조금만 더 버텨!"

투덜대기는 했지만 다행히 무전에 즉각 응할 정도의 여유는 있나 보다. 그렇지만 밀려드는 벌레들과 골렘들을 잠재우려 쉴 새 없이 문제를 푸는 건 지치는 일일 것이다.

"뭐야, 저건? 건물인가?"

미카엘 말대로 언덕을 올라 오른쪽을 돌아보자 무언가 보였다. 그것들은 각기둥과 각뿔 모양이었다. 우리는 그것들의 정체를 확인하기 위해 가까이 다가갔다.

"혹시 모르니 스마트폰으로 한번 비춰 볼까?"

야무진은 스마트폰 렌즈로 도형들을 비췄다. 그러자 그 각기둥들에 문제가 나타났다. 너무 멀어서 자세히 보이지는 않았지만 분명 벌레나 골렘에게 나타났던 것과 비슷한 수학식이었다.

"앗! 잘은 안 보이지만 뭔가 문제가 나타났어."

"나도 봤어. 좀 더 가까이 가 보자."

야무진과 일원이는 스마트폰을 보며 흥분했지만 아름이는 불안해했다.

"올림아, 그렇지만 여기는 이제 우리뿐이잖아. 가까이 갔는데 벌레들이 잔뜩 나타나면 어떻게 해?"

"하지만 미카엘 말대로라면 저 수상한 건물이 뭔가 벌레들과 관련이 있는 게 분명해. 모두들 소리 내지 말고 조용히 접근해 보자."

우리는 그렇게 살금살금 각기둥들에 다가갔다. 가까이 가 보니 의외로 그 건물 말고는 주변에 아무것도 없었다. 그제야 우리는 한숨을 돌렸다.

"다행이야. 이 건물 말고는 딱히 위험해 보이는 건 안 보여."

"좋아, 이제 다시 스마트폰으로……."

콰드드드득!

야무진이 스마트폰을 다시 꺼내려 하는 그 순간, 별안간 땅이 크

게 진동하며 흔들렸다.

"으아악? 뭐, 뭐야?"

"꺄아악, 지, 지진인가?"

아름이 말대로 차라리 지진이었다면 좋았을걸!

바닥에 쫘당 넘어진 우리는 진동의

정체를 확인하고

경악을 금치 못했다.

"으악! 아래를 봐!"

"벌레야! 거대한 벌레라고!"

"캬악!"

우리가 밟고 있는 건 꽃게나 가재처럼 두꺼운 껍질을 가진 거대 애벌레였다. 이번에도 야무진의 비명이 제일 컸다.

"꺄아아악! 버, 벌레에에에에!"

야무진의 비명과 동시에 우주복 안의 무전기에서 미카엘의 목소리가 들려왔다.

"반올림! 반올림! 괜찮은가? 너희 쪽에서 몬스터의 기운이 아주 강하게 느껴진다!"

"미, 미카엘? 지금 어쩌다 보니 엄청난 벌레 등에 올라타게 됐어요. 대체 이 녀석은 뭐죠?"

"이런, 벌써 만난 건가! 그 녀석이 화성 벌레들의 어미다. 아마 그곳이 녀석들이 태어나는 부화장인 모양이다!"

"네엣? 그, 그렇다면 이 녀석이 여왕 벌레?"

나와 친구들은 벌레의 등을 꽉 잡고 어떻게든 떨어지지 않으려 몸부림쳤다.

"으악! 떨어질 것 같아!"

'가만, 그렇다면 이 녀석도 다른 벌레들처럼 숫자벨 여사의 마법이 담긴 스마트폰으로 비춰 보면 뭔가 나오지 않을까?'

"잠깐만! 진정해, 야무진! 스마트폰으로 이 녀석을 비춰! 어서!"

"으아아악! 꺄아아악!"

일원이와 아름이까지 무전기에 대고 비명을 질러대니 정말 시끄러웠다.

"끼야아아악! 여, 여왕 벌레라니! 지, 징그러워어어어!"

"에잇! 정말! 스마트폰 이리 내놔!"

나는 계속 비명만 질러대고 있는 야무진의 손에서 스마트폰을 낚아챈 뒤 재빨리 발밑에 있는 벌레를 비췄다. 이 와중에도 벌레는 계속해서 꿈틀거리며 우리를 등에서 떨어트리려 했다. 스마트폰의 화면에 비친 벌레의 등에 문제가 나타났다.

"문제가 나왔어! 삼각기둥의 면의 수를 말하라고?"

"삼각기둥? 그게 뭐야? 아무튼 빨리 문제를 풀어, 반올림! 이러다 떨어지겠어!"

벌레의 등을 꽉 붙잡고 몸부림치던 야무진이 보채며 말했다. 정신 사나워서 집중이 안 된다.

"알았으니까 조용히 좀 해!"

우선 각기둥이란 윗면과 아랫면이 평행이고 합동인 다각형으로 이루어진 입체 도형이다. 그중 삼각기둥이란 밑면이 삼각형인 도형을 말하는 것이지.

"올림아, 문제만 있고 도형의 그림이 없는데? 몇 개인지 알 수 있겠어?"

"아, 물론이야."

아름이 말대로 그림 없이 삼각기둥의 면의 수를 말해야 한다. 하지만 어렵지 않다.

"(각기둥의 면의 수) = (밑변의 변의 수) + 2거든. 삼각형은 변의 수가 3개지? 거기에 2를 더하면 5가 되니까 삼각기둥의 면의 수는 5개야."

"캬!"

내가 정답을 말하자 거대한 애벌레는 단말마 비명과 함께 땅으로 천천히 내려앉았다. 애벌레가 땅에 착지하자 아까부터 난리를 치던 야무진이 제일 먼저 애벌레 등에서 뛰어내렸다.

"으으, 내가 벌레 등에 타다니…… 끔찍해!"

"자, 잠깐만 올림아! 이 녀석, 잠들지 않았어. 지금 꼬리가 계속 움직이는 거 맞지? 내 눈이 이상한 게 아니지?"

일원이가 여왕 벌레의 꼬리 쪽을 가리키며 외쳤다. 일원이의 말대로 녀석의 꼬리에 점점 힘이 들어가며 빳빳해지는 게 보였다.

"으악! 엎드려!"

후우웅!

거대한 바람소리를 내며 우리 머리 위로 여왕 벌레의 꼬리가 지나갔다.

"뭐야, 왜 이 녀석은 잠들지 않는 건데?"

"야무진! 스마트폰으로 꼬리 쪽을 비춰 봐!"

"그, 그렇지만 꼬리가 계속 움직여서…… 꺅! 또 온다!"

쿠쿵!

여왕 벌레는 이번엔 위에서 수직으로 꼬리를 내리쳤다. 우리는 가까스로 피했다. 육중한 힘이 실린 공격으로 우리가 있던 자리에는 꼬리 자국이 깊숙이 새겨졌다.

"이, 있어! 뭐라고 문제가 나타나긴 하는데 꼬리를 자꾸 움직여서 읽을 수가 없어!"

"이런! 이제 어쩌지?"

"으악, 이번엔 아래에서 온다! 점프해, 점프!"

숨 돌릴 틈도 없이 이번엔 여왕 벌레가 우리 발 쪽으로 꼬리를 휘둘렀다. 우리는 마치 줄넘기하듯 점프해서 날아오는 벌레의 꼬리를 간신히 피했다.

"올림아! 내가 한번 막아 볼게! 꼬리를 잡고 있을 테니까 그때 빨리 문제를 비춰 봐!"

"일원아?"

일원이는 자기가 꼬리를 움직이지 못하게 꽉 잡고 버텨 보겠다고 했다. 하지만 아무리 힘이 센 일원이라도 저 거대한 꼬리를 혼자서 잡고 버틸 수 있을까?

"좋아! 이렇게 하자. 아름아! 네가 스마트폰을 받아. 우리 남자애들 셋이 꼬리를 잡고 버틸 때 빨리 문제를 비춰서 읽어 줘! 알았지?"

"아, 알았어! 얘들아, 조심해!"

나는 서둘러 스마트폰을 아름이에게 넘겨주고 일원이, 야무진과 함께 벌레의 꼬리를 잡을 만발의 태세를 갖췄다. 야무진은 질색을 하며 소리쳤다.

"히이익? 저, 저 징그러운 걸 껴안으라고?"

"눈 딱 감고 한 번만 잡아! 네 말마따나 벌레밥이 되는 것보단 낫잖아!"

야무진은 금방이라도 울 것 같은 얼굴로 마지못해 팔을 벌렸다.

"온다! 준비해! 하나, 두울!"

콰악!

"캬아아!"

일단 꼬리를 잡는 데 성공했다! 여왕 벌레가 울부짖었고, 나는 다급하게 아름이를 불렀다.

"아름아 지금이야!"

아름이는 재빨리 스마트폰을 벌레의 꼬리 쪽에 비췄다.

"으응! 보여! 사각기둥의 모서리의 수라는데? 이번에도 그림 같은 건 없어!"

"사각기둥의 모서리?"

각기둥의 모서리의 수는 3 × (밑면의 변의 수)와 같다. 사각기둥의 밑면은 당연히 사각형이므로 변은 4개. 3 × 4 = 12이니까 사각기둥의 모서리의 수는 12개였다.

"정답은 12개야!"

"캬오오……."

여왕 벌레의 꼬리는 힘이 풀리며 축 처졌다. 나는 잡고 있던 꼬리에서 손을 떼며 크게 환호했다.

"좋아! 해냈어!"

"히이익! 징그러워!"

야무진이 손사래를 치며 꼬리를 내팽개칠 때 아름이가 벌레의 머리 쪽을 가리키며 외쳤다.

"오, 올림아! 저기! 이번엔 머리가 움직여!"

과연 여왕 벌레다웠다. 여왕 벌레의 등과 꼬리는 더 이상 움직이지 않았지만 돌연 우리 쪽으로 머리를 번쩍 들더니 집어삼킬 기세로 꿈틀꿈틀 다가왔다.

"스, 스마트폰! 빨리!"

나는 아름이에게 가까이 다가가 스마트폰으로 벌레의 머리를 비췄다. 역시나 또 다른 문제가 벌레의 머리 부분에 나타났다.

"또 문제야! 이번엔 오각기둥의 꼭짓점의 수를 묻는 문제야!"

"올림아, 오각기둥의 꼭짓점은 위에 있는 밑면에 5개, 아래에 있는 밑면에 5개 아냐?"

"맞아! 각기둥의 꼭짓점의 수는 2 × (밑면의 변의 수)와 같아. 그러니까 정답은 10개!"

"캬오오오……."

쿵!

여왕 벌레가 드디어 잠들었다.

"돼, 됐다! 성공이야."

"제발 또 일어나지 마라! 제발!"

우리는 자리에 주저앉아 가슴을 쓸어내렸다.

"이것으로 더는 새끼를 번식시키지 못하겠지?"

그때 미카엘의 무전이 들려왔다.

"반올림! 거대한 힘이 사라졌다. 해낸 모양이군. 여왕 벌레가 있는 그 근처에 부화장이 있을 것이다. 그곳을 파괴해야 해. 쉬고 있을 시간이 없다!"

"네! 알았어요, 미카엘."

"벌레들의 부화장?"

"설마 아까 그 각기둥들이 벌레의 알집이었단 말이야?"

"으윽, 징그러워!"

그러고 보니…… 꿀꺽. 나는 코앞의 각기둥들을 자세히 보았다.

"저게 벌레의 알집일 줄이야……."

"으으으, 소름끼쳐. 난 가까이 가지 않을 거야."

"잔소리 말고 빨리 와! 지금도 미카엘 쪽은 벌레와 전쟁 중이라고!"

진저리를 치는 야무진을 질질 끌다시피 해서 벌레의 알이 있는 각기둥 중 사각기둥 앞에 섰다. 이층집 정도 되는 높이의 거대한 사각기둥은 투명해서 안이 다 비쳤다. 안에는 물 같은 것이 차 있었고, 어른 주먹만 한 벌레의 알들이 둥둥 떠 있었다.

"정말 안에 벌레의 알들이 가득 들어 있군. 야무진, 스마트폰을 비춰 봐."

"어흑, 징그러운데……. 난 비위가 약하단 말이야"

"……어서 비춰."

"알았다고! 비추면 되잖아!"

"이게 뭐야? 밑면의 넓이랑 높이만 알려 주고 부피를 어떻게 구하라는 거야?"

야무진이 투덜거렸지만 나는 당황하지 않았다.

"예상대로야. 여왕 벌레처럼 각기둥의 문제군. 이건 어렵지 않아. 1학기 때 배웠지? (각기둥의 부피) = (밑변 하나의 넓이) × (높이)야."

"그렇다면 6 × 4 = 24니까 정답은 24?"

"맞아. 단, 부피의 단위니까 세제곱미터를 잊으면 안 돼. 정답은

$24m^3$!"

쩌저적! 우드드득!

"으악! 금이 간다!

깜짝 놀란 우리는 후다닥 뒷걸음질 쳤다. 벌레의 알이 들어 있던 사각기둥은 마치 유리에 금이 가듯 균열이 생기더니 이내 우수수 부서져 버렸다. 안에 들어 있던 벌레의 알들은 물과 함께 쏟아져 나왔는데, 신기하게도 기둥 밖으로 나오자마자 모두 증발되어 사라져 버렸다. 동시에 미카엘의 목소리가 들려왔다.

"반올림! 성공했군! 뭉쳐 있던 악한 마법 기운 하나가 사라졌다."

"됐다! 애들아, 나머지 각기둥도 모두 없애야 해. 서두르자!"

4장
뜻밖의
지원군

벌레들의 부화장을 모두 파괴하는 데는 그리 오랜 시간이 걸리지 않았다. 마지막 부화장을 파괴했을 때, 우리 뒤쪽에 잠들어 있던 거대한 여왕 벌레가 모래처럼 부서져 그대로 땅에 흡수됐다. 그 모습을 본 나는 곧바로 알셈에게 무전을 보냈다.

"알셈! 부화장을 모두 파괴했어. 여왕 벌레도 부서져 버렸는데, 그쪽은 어때?"

"오케이. 같은 상황이야. 이쪽의 벌레들도 몽땅 모래가 되어 버렸어. 미카엘 말로는 루시퍼가 화성의 흙에 암흑 마법을 넣어 만든 몬스터들일 거래."

"그랬구나. 아무튼 정말 다행이야. 삼촌도 안전하시지?"

아름이가 피타고레 박사의 안부를 묻자 곧바로 피타고레 박사님의 목소리가 들렸다.

"그래. 나도 무사하단다. 하지만 벌레만 없어졌을 뿐 골렘은 여전히 공격해 오고 있어. 아직도 미카엘과 라파엘의 마력은 돌아오지 않고 말이야. 이제 골렘들을 없앨 방법을 찾아보렴."

"네, 박사님. 미카엘, 이제 어디로 가야 하죠?"

잠시 무전기가 지직거리더니 미카엘의 목소리가 들려왔다.

"음. 잘해 주었다. 거대 골렘들이 만들어진 곳은 그곳에서 북쪽으로 가다 보면 나올 것이다. 골렘들을 생성하는 공장 같은 곳이 있을지도 모르겠군. 아무쪼록 조심해라."

"북쪽이란 말이죠? 알았어요, 미카엘."

무전을 끝낸 우리는 북쪽으로 발걸음을 옮겼다. 그런데 야무진이 걷는 내내 침울한 얼굴로 징징거렸다.

"이봐, 반올림. 아무래도 이건 아닌 것 같아. 벌레들의 부화장엔 여왕 벌레가 있었잖아. 거기 가면 대왕 골렘이 있지 않을까? 그럼 우린 몽땅 깔려서 오징어가 될 거라고!"

"운이 나쁘면 그럴지도 모르지. 하지만 달리 방법이 없잖아."

내가 달래보려 했지만 야무진은 그래도 멈추지 않고, 별다른 무기도 없는 우리끼리 가는 건 위험할 거라며 계속 투덜댔다. 듣다 못한 아름이가 화를 냈다.

"어휴, 야무진! 넌 무슨 남자애가 그렇게 겁이 많니? 미카엘과 라파엘, 알셈, 피타고레 삼촌과 유령선의 몬스터들은 우리만 믿고 있어. 아까부터 벌레밥이 된다느니, 오징어가 된다느니, 왜 자꾸 마음 약해지는 소리만 하는 거야?"

"그, 그렇지만……."

아름이의 호통에 기가 죽은 야무진은 금세 기어들어가는 목소리로 입을 다물었다. 그런 야무진이 조금 안쓰러워진 나는 아름이를 다독이며 말했다.

"하지만 야무진 말도 맞아. 조심하는 게 좋겠어. 아까처럼 몬스터를 밟지 않도록 여기저기 잘 살피면서 가자."

그렇게 시무룩해진 야무진을 달래며 우리는 미카엘이 알려 준 방향으로 나아갔다. 이제 슬슬 앞에 뭔가 보일 때도 된 것 같은데 이상하게 한참을 걸었는데도 아무것도 나타나지 않았다. 수상한 물건이나 건물 같은 건 보이지 않았다. 나와 같은 생각이 들었는지 일원이가 한 마디 했다.

"으으, 슬슬 다리가 아파. 화성은 정말 끝없는 황무지 같아. 우리 맞게 가고 있는 거지?"

"음. 한번 물어보자. 미카엘! 미카엘! 들려요?"

아까보다 조금 지직거리긴 했지만 미카엘의 목소리가 들려왔다.

"치지직, 들린다. 반올림, 치지직, 거의 다 온 것 같다. 너희가 있는 곳에서 정면으로 100미터 앞에서 암흑 마법의 힘이 느껴져. 그곳이 골렘이 만들어지고 있는 곳…… 치지직."

신호가 점점 약해지고 있는지 미카엘의 목소리가 툭툭 끊겼다. 그런데 미카엘의 무전을 듣고 난 뒤 우리의 고개는 약속이라도 한 듯 갸우뚱 기울었다.

"정면으로 100미터 앞? 아무것도 없는데?"

"그러게 말이야. 온통 흙과 모래, 먼지밖에 안 보여."

"혹시 모르니 가까이 가 보자. 어쨌든 목표 지점에 가까워졌으니 다들 조심해."

우리는 아까처럼 혹여 몬스터를 밟지 않도록 바닥을 중점적으로 살피며 천천히 나아갔다. 100미터쯤 전진했을 때, 여전히 마른땅 외에는 아무것도 보이지 않았다. 그때 뭔가를 발견한 아름이가 소리쳤다.

"어? 얘들아. 저것 좀 봐. 바닥에 무슨 그림이 있는데?"

"엇? 정말이잖아?"

"이게 뭐야? 누가 화성 바닥에서 고무줄놀이라도 한 건가?"

정말 야무진이나 할 법한 생각이었다.

"꼭 마법사들이 바닥에 그린 마법진같이 생겼네. 혹시 밟으면 폭발하는 함정 아닐까?"

아름이가 조심스럽게 그 마법진 안쪽으로 돌을 툭 던져 보았지만 아무런 일도 일어나지 않았다. 여기저기 둘러봐도 그 마법진 외에는 어떠한 장치도, 몬스터도 없었다.

"근데 올림아, 가운데에 있는 도형이 꼭 부서진 골렘 같지 않아?"

"골렘?"

일원이의 말에 뭔가 번뜩였다. 혹시?

"야무진! 스마트폰으로 바닥의 마법진을 비춰 봐."

"응?"

바닥의 마법진을 스마트폰으로 비추자 화면에는 우리 눈으로 볼 때와는 다른 것들이 나타났다.

"동그란 원에 각각 위, 앞, 옆이라고 나와 있어. 그리고 삼각형 아래에 문제 같은 게 보이는데?"

"가운데 입체 도형을 각각 위와 앞, 옆에서 보았을 때의 모습을 그려 넣어라?"

"알았다! 이 마법진은 쌓기나무 문제를 나타내고 있어."

"쌓기나무?"

"그래. 6학년 1학기 때 배웠던 쌓기나무! 입체 도형은 바라보는 위치에 따라 모양이 다르게 보인다는 것 알고 있지? 루시퍼는 이 문제를 통해 마법의 골렘을 만들어 낸 걸 거야."

나는 주위를 둘러보았다. 마침 적당히 뾰족한 돌멩이가 하나 보였다. 그것을 주워 들고 마법진에 가까이 다가가 입체 도형을 신중히 살폈다. 그리고 비어 있는 원 안에 위에서 바라본 모습을 그려 넣었다.

"먼저 가운데에 있는 입체 도형을 위에서 바라보면…… 자, 이런 모양이 되겠지?"

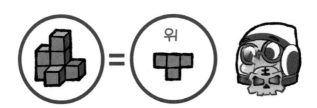

나는 위에서 바라본 도형의 모습을 원 안에 그렸다. 이를 본 아름이도 돌조각을 하나 집어 들었다.

"옆에서 바라본 모습은 내가 그려 볼게."

아름이가 원 안에 거침없이 그림을 그렸다.

"이 입체 도형을 옆에서 바라보면 이런 모습이 돼."

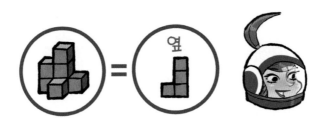

"맞았어. 그럼 이제 앞에서 바라본 모습을…… 어?"

하나 남은 마법진에는 일원이가 서 있었다.

"그리고 앞에서 바라본 모습은, 이런 그림이 되는 거지?"

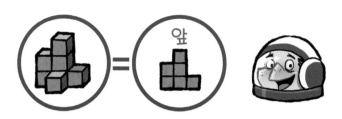

"와, 일원이도 제법인데?"

우리 셋이 마법진의 비어 있는 곳에 각각 위, 옆, 앞에서 바라본 모습을 그려 넣자 내내 스마트폰만 바라보고 있던 야무진이 외쳤다.

"어어? 이상한 빛이 나오고 있어! 모두 피해!"

"우왓! 땅이 흔들린다!"

우리는 서둘러 마법진 바깥으로 물러났다. 땅이 요동쳤다. 야무진의 스마트폰에 비친 마법진에서 빛이 뿜어져 나왔다. 그리고 잠시 후 놀라운 일이 벌어졌다. 가운데에 쌓기나무 7개로 쌓인 입체 도형 그림이 이리저리 움직이기 시작한 것이다. 그러더니 쌓기나무 7개로 구성된 조그마한 골렘으로 바뀌는 게 아닌가! 조금 작긴 했지만 분명 그건 골렘의 모습이었다.

"으잉? 고, 골렘이잖아?!"

"이것이 마법진의 정체였어!"

루시퍼는 이렇게 쌓기나무로 만든 입체 도형 문제로 골렘들을

만들어 냈던 것이다. 골렘을 본 야무진이 갑자기 다리를 달달 떨며
말했다.

"자, 잠깐만. 그럼 우리 도망가야 되지 않아?"

"그렇지만…… 이 녀석, 그냥 멀뚱히 서 있는데?"

일원이 말대로 그 작은 골렘은 마법진에서 튀어나와 가만히 선
채 움직이지 않았다. 그리고 이내 놀라운 말을 했다.

"골렘. 주인님. 명령. 기다린다. 명령. 내려 달라."

"오잉? 주인님이라면 혹시 우리를 말하는 건가?"

"이 녀석 혹시, 마법진에서 소환해 낸 사람을 주인으로 인식하는
게 아닐까? 루시퍼가 그렇게 설정해 둔 것 같아."

아름이의 추리가 그럴 듯했다. 나는 조심스레 입을 떼었다.

"여기서 남쪽으로 조금 가다 보면 추락한 배와 드래곤이 있을 거야. 우리 동료들이니까 그들을 공격하는 녀석들로부터 지켜 줄래?"

"골렘. 명령. 따른다. 유령선. 드래곤. 지켜 준다."

골렘은 내 말에 즉각 반응했고, 모래 가루를 날리며 우리가 왔던 길로 발걸음을 옮겼다. 미카엘과 라파엘이 있는 곳으로 말이다.

"이야, 이건 정말 대박인데! 골렘을 우리 편으로 만들었잖아?"

우리는 환호하며 손뼉을 마주쳤다. 그때 스마트폰으로 마법진을 보던 야무진이 말했다.

"어? 반올림. 마법진을 봐. 또 다른 입체 도형이 나타났어!"

"으악? 이번엔 뭐가 이렇게 복잡해?"

이번에 마법진에 나타난 입체 도형 문제는 아까와는 정반대의 문제였다. 이번엔 앞, 오른쪽, 위에서 바라본 모습이 그려져 있었고 입체적인 모습을 그려 넣어야 했다.

"올림아. 이건 너무 어렵다. 쌓기나무의 수가 너무 많아."

"아냐, 할 수 있어! 흠, 마법진이 너무 크군. 야무진! 앞, 오른쪽, 위에서 본 모습의 입체 도형을 사진으로 촬영할 수 있겠어?"

"물론이지. 잠깐만 기다려 봐."

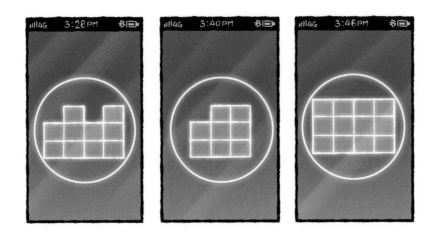

  마법진이 너무 거대했기 때문에 한눈에 세 가지 시점을 모두 확인하기 어려웠다. 야무진이 세 군데에서 촬영을 한 뒤 나에게 사진을 보여 주었다.

  어제 좀 더 생각하기가 수월했다. 나는 머릿속으로 재빨리 입체 도형의 모습을 그려 보았다. 그리고 곧 답을 알아냈다. 무려 25개의 쌓기나무로 구성된 입체 도형이었다.

  "좋아! 알아냈어! 마법진이 너무 크니까 다 같이 그려 넣자."

  나는 야무진의 스마트폰에서 스케치북 애플리케이션을 켠 뒤, 그곳에 입체 도형의 모습을 그렸다. 그리고 우리는 모두 가운데의 삼각형으로 된 마법진 안에 들어와 입체 도형을 그렸다. 힘을 모으니 그림은 금세 완성되었다.

"됐다! 다 그렸어!"

마법진이 조금 전과 같이 또다시 진동했다. 그리고 무려 25개의
쌓기나무로 만들어진 골렘이 소환되었다. 녀석도 마찬가지로 우리
의 명령을 기다리고 있었다.

"좋았어! 이 녀석도 미카엘 쪽으로 보내자."

"이 녀석은 덩치도 큰 게 힘도 세 보이는데?"

그렇게 좋아하는 사이 미카엘의 무전이 도착했다.

"반올림! 이게 어떻게 된 건가? 또 다른 골렘이 이곳에 왔는데, 같
은 골렘들을 공격하며 우리를 보호하고 있다."

우리는 서로 얼굴을 마주 보며 빙그레 웃었다. 내가 자초지종을 설명했고 미카엘이 다시 말했다.

"그랬군. 고맙다. 헌데 나와 라파엘의 힘은 아직 돌아오지 않았어. 이제 벌레의 공습도 없고 골렘까지 손에 넣었으니 루시퍼에게 가거라. 루시퍼의 강력한 힘이 이곳까지 느껴진다. 내가 위치를 알려 주마. 참, 혹시 모르니 거기서 골렘 몇 마리를 만들어 같이 가도 좋을 것 같군."

"정말 좋은 생각이에요, 미카엘!"

우리는 무기도, 마법의 아이템도 없었다. 힘세고 충성스러운 골렘을 우리 편으로 만들면 분명 도움이 될 것이다. 그렇게 나와 친구들은 그곳에서 빠르게 몇 차례 문제를 풀어 골렘 여러 마리를 소환해 냈다. 잠시 후 우리 곁에는 크고 작은 골렘 여럿이 줄지어 서 있었다. 아름이가 골렘들을 뿌듯한 얼굴로 바라보며 말했다.

"휴! 이 정도면 되겠어. 덩치가 큰 녀석들은 미카엘 쪽으로 보내고, 작고 날렵한 녀석 서너 마리는 우리를 호위하도록 하자."

허세 부리기 좋아하는 야무진은 골렘들의 대장이라도 된 것처럼 거드름 피우며 명령을 내렸다.

"이봐, 거기 너! 그리고 너랑 너! 너희 셋은 우릴 따라와! 나머지는 남쪽으로 내려가 유령선과 드래곤이 있는 곳으로 가서 그들을 보호해! 실시!"

"골렘. 명령. 따른다."

골렘들은 일사분란하게 우리의 명령대로 움직였다. 좋았어! 든든한 지원군까지 생겼다! 기다려라, 루시퍼!

〈하권에 계속〉

여러분, 본문 속에 녹아 있는 각기둥에 대해 더욱 자세히 알아볼까요?

1 각기둥에 대해 알아봅시다.

윗면과 아랫면이 평행이고 합동인 다각형으로 이루어진 입체 도형을 각기둥이라고 합니다. 각기둥은 밑면의 모양에 따라 이름이 달라요. 밑면이 삼각형인 각기둥은 삼각기둥, 사각형인 것은 사각기둥, 오각형인 것은 오각기둥 등으로 부르지요. 아래 그림은 삼각기둥이에요.

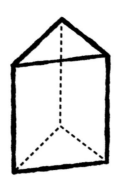

104

각기둥의 옆면·모서리·꼭짓점·높이

각기둥에서 평행인 두 면을 밑면이라고 하고, 밑면에 수직인 면을 옆면이라고 해요. 각기둥의 옆면은 모두 직사각형이지요. 각기둥에서 면과 면이 만나는 선을 모서리라고 하고 모서리와 모서리가 만나는 점을 꼭짓점, 두 밑면 사이의 거리를 높이라고 해요.

각기둥의 면의 수

삼각기둥에는 2개의 밑면과 3개의 옆면이 있으므로 삼각기둥의 면의 수는 3 + 2 = 5(개)예요. 여기서 3은 삼각기둥 밑면의 변의 수이지요. 사각기둥은 2개의 밑면과 4개의 옆면이 있으므로 사각기둥의 면의 수는 4 + 2 = 6(개)이에요. 여기서 4는 사각기둥 밑면의 변의 수이지요. 따라서 일반적으로 각기둥의 면의 수는 다음과 같아요.

$$각기둥의\ 면의\ 수 = 밑면의\ 변의\ 수 + 2$$

각기둥의 모서리의 수

이번에는 각기둥의 모서리의 수를 구하는 공식을 알아볼까요? 삼각기둥의 모서리의 수를 헤아려 보죠. 위에 있는 밑면에 3개의 모서리가 있고 아래에 있는 밑면에 3개의 모서리가 있고 옆면에 3개의 모서리가 있어 모두 9개예요. 같은 방법으로 사각기둥과 오각기둥의 모서리의 수를 헤아려 보면 각각 12개, 15개예요. 즉 각기둥의 모서리의 수는 밑면의 변의 수의 3배이지요.

$$각기둥의 \ 모서리의 \ 수 = 3 \times 밑면의 \ 변의 \ 수$$

각기둥의 꼭지점의 수

이번에는 각기둥의 꼭짓점의 수를 알아보죠. 삼각기둥의 꼭짓점은 위에 있는 밑면에 3개, 아래에 있는 밑면에 3개 있으므로 전체 꼭짓점의 수는 밑면의 변의 수의 2배예요.

$$각기둥의 \ 꼭지점의 \ 수 = 2 \times 밑면의 \ 변의 \ 수$$

2 각기둥의 문제를 풀어 봅시다.

각기둥의 특징을 잘 생각해 보고 아래의 문제를 풀어 봅시다.

육각기둥의 면의 개수는 모두 몇 개인가?

➡ 육각기둥은 밑면이 2개이고 옆면이 6개예요. 그러므로 육각기둥의 면의 개수는 모두 8개이지요.

면의 개수가 18개인 각기둥의 모서리의 수는 몇 개인가?

➡ 각기둥의 면의 개수는 밑면의 변의 수보다 2 크니까 면의 개수가 18개인 각기둥의 밑면의 변의 개수는 16개예요. 그러므로 모서리의 수는 3 × 16 = 48개예요.

각기둥의 전개도를 보고
넓이와 부피를 구하는 공식에 대해 알아봅시다.

각기둥의 모서리를 잘라서 펼쳐 놓은 그림을 각기둥의 전개도라고 해요. 이때 전개도의 넓이를 각기둥의 겉넓이라고 해요. 즉 각기둥의 겉넓이는 밑면 하나의 넓이의 2배와 옆넓이를 더한 값이지요. 여기서 옆넓이는 모든 옆면의 넓이의 합이 됩니다.

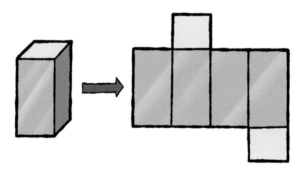

각기둥의 부피 공식은 다음과 같아요.

각기둥의 부피 = 밑면 하나의 넓이 × 높이

각기둥의 높이는 두 밑면 사이의 거리예요. 다음 문제를 풀어 볼까요?

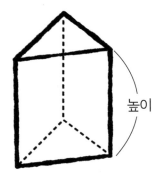

높이

옆면의 넓이가 밑면의 하나의 넓이의 8배인 각기둥의 겉넓이가
240cm²일 때 밑면 하나의 넓이는?

➡ 각기둥의 겉넓이는 밑면 하나의 넓이의 2배와 옆면의 넓이의 합이에요. 옆
면의 넓이가 밑면 하나의 넓이의 8배이므로 겉넓이는 밑면 하나의 넓이의 10배
가 되고 이것이 240cm²이므로 밑면 하나의 넓이는 24cm²이지요.

화창한 어느 주말, 피타고레 박사의 탐정 사무소는 여느 때처럼 파리만 날리고 있었다. 좀처럼 돈이 되는 손님이 오지 않자 피타고레 박사는 더 이상 사무소를 운영할 수가 없었다.

"에휴, 이제 이 사무소도 그만둬야 하나."

박사의 한숨이 들리자 옆에 앉은 조수 일원이는 미안한 마음이 들었다. 그동안 일원이가 데려온 별 볼 일 없는 손님들 때문에 피타고레 박사가 허탕을 친 적이 많았기 때문이다.

"기운내세요, 박사님. 오늘은 꼭 돈 많은 손님이 오실 것 같은 느낌이 강하게 들어요."

"말이라도 고맙구나. 그럼 할 일도 없는데 TV나 볼까."

피타고레 박사는 축 처진 어깨를 하고 힘없이 TV를 켰다. 요즘 TV에서는 대한민국 최고 재력가이자 대기업 사장인 왕부자 씨에 관한 뉴스로 떠들썩했다. 뉴스 아나운서가 말했다.

"현재 80세가 넘은 고령의 왕부자 씨는 이제 사장직에서 은퇴한다고 말했습니다. 그의 재산은 두 아들인 왕갑부, 왕재벌 씨에게 물려주기로 했는데 두 형제는 아버지의 재산을 조금이라도 더 가져가기 위해 한 치의 양보도 없는 싸움을 벌이고 있다는 소식입니다."

집안의 재산 때문에 형제끼리 싸움을 벌인다는 쓸쓸한 뉴스였다. 뉴스를 보며 피타고레 박사는 혀를 끌끌 찼다.

"쯧쯧, 하여튼 돈이 많아도 문제라니까. 형제끼리 사이좋게 나눠 가지면 될 걸 말이야. 저게 무슨 꼴불견이람."

일원이도 고개를 끄덕이며 동의했다. 그때 탐정 사무소의 문이 열리는 소리가 들렸다.

"어? 박사님, 누가 오셨나 본데요?"

"어서 오세…… 아, 아니?!"

피타고레 박사는 깜짝 놀라 뒤로 넘어질 뻔했다. 그도 그럴 것이 사무소를 찾은 두 사람이 방금 뉴스에서 본 왕갑부, 왕재벌 형제였기 때문이다. 얼굴이 시뻘겋게 달아오른 두 형제는 씩씩대며 화를 내고 있었다. 그중 형인 왕갑부가 말했다.

"이보시오. 당신이 수학 박사 피타고레요?"

"네, 넷! 그렇습니다만……."

피타고레 박사는 조금 전 자신의 이야기를 들은 게 아닌가 하여 움찔했다. 이번엔 동생 왕재벌이 말했다.

"당신이 해결해 줬으면 하는 문제가 하나 있소. 만일 해결해 준다면, 내 사례는 섭섭지 않게 하리다."

"아아, 그러셨군요. 일단 두 분 다 진정하시고, 앉아서 천천히 이야기해 보시지요."

피타고레 박사는 우선 흥분한 두 사람을 진정시킨 뒤 자초지종을 들었다. 왕씨 형제가 탐정 사무소를 찾은 건 역시나 재산 문제 때문이었다. 왕갑부가 커다란 보석 하나를 내밀었다. 그 보석은 마치 피라미드 같은 사각뿔 형태였는데, 형제 말로는 다이아몬드라고 했다.

"아, 아, 아니. 이게 진짜 다이아몬드입니까? 어, 엄청나게 크군요."

피타고레 박사는 행여 흠집이라도 날까 덜덜 떨며 두 손으로 받았다. 형 왕갑부가 말했다.

"그렇소. 이건 피라미드 모양의 다이아몬드로 우리 집안의 가보요. 아버지께서 유산으로 물려주신다고 하니 정확히 두 개로 나눠 가질 생각이오. 지금 이 보석의 부피를 알려 주면, 내가 보석 세공사를 고용해 정확히 두 개로 나눌 계획이오."

이번엔 동생 왕재벌이 말했다.

"흥! 형이 고용하는 보석 세공사라니 믿을 수가 없어. 분명 형이 얍삽하게 보석 세공사와 짜고 약간 더 큰 보석을 가져가려는 거지? 이보시오, 피타고레 박사. 우리 형이 속임수를 쓰지 못하도록 이 보석의 정확한 부피를 알려 주시오."

"아, 알겠습니다."

피타고레 박사는 사각뿔 다이아몬드를 이리저리 살피며 한숨을 쉬었다.

'정말 욕심 많은 형제들이군. 아무나 한명이 양보하면 될걸, 집안의 가보라면서 꼭 두 동강을 내서라도 나눠 가져야 하나?'

피타고레 박사는 조수인 일원이에게 보석을 넘기며 보석의 가로, 세로 변의 길이와 높이를 정확히 측정하도록 지시했다. 일원이는 정확하게 측정을 끝냈고, 피타고레 박사는 밑면의 가로와 세로를 곱해 밑면의 넓이를 알아냈다. 그러자 일원이가 말했다.

"박사님, 저도 할 줄 알아요. 각기둥의 부피를 구할 때처럼 '높이 × 밑넓이'를 하면 되는 거지요?"

"응? 아니란다. 이건 사각기둥이 아니라 피라미드처럼 생긴 사각뿔이잖니? 각뿔의 부피는 밑면과 높이가 같은 각기둥 부피의 $\frac{1}{3}$이거든. 그러니 각뿔의 부피를 구할 땐 '$\frac{1}{3}$ × 높이 × 밑넓이'를 해야 한단다."

"네? 어째서 $\frac{1}{3}$을 곱하는 거죠?"

"음, 알기 쉽게 설명해 주마."

이윽고 피타고레 박사는 일원이에게 각뿔의 부피를 구할 때 왜 $\frac{1}{3}$을 곱해야 하는지 설명해 주었다. 그리고 일원이는 방금 배운 공식을 이용해 직접 다이아몬드 보석의 부피를 구한 뒤 두 형제에게 알려 주었다. 왕재벌과 왕갑부 두 형제는 흡족한 얼굴로 거액의 보상금을 지불하고 돌아갔다. 피타고레 박사는 입이 귀에 걸렸다. 탐정 사무소를 열고 처음으로 제대로 된 수입이 생긴 것이다. 그런데 각뿔의 부피를 구하는 공식이 '$\frac{1}{3}$ × (높이) × (밑넓이)'가 되는 이유는 무엇일까?

가장 간단한 각기둥인 정육면체로 생각해 보자.정육면체는 밑면이 정사각형이고 높이가 정사각형의 한 변의 길이와 같은 사각기둥이다. 정육면체의 한 변의 길이를 a라고 하자. 이때 정육면체의 부피는 a^3이다. 이제 정육면체의 중심과 8개의 꼭짓점을 연결해 보자.

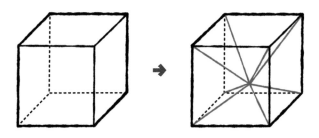

이처럼 6개의 사각뿔이 만들어진다. 가장 아래쪽에 있는 사각뿔을 그려 보면 다음과 같다.

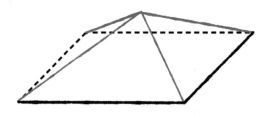

이 사각뿔의 높이를 h라고 하면 $h = \dfrac{a}{2}$ 이다. 그리고 밑넓이는 정사각형의 넓이 인 a^2이다. 정육면체의 부피는 사각뿔의 부피의 6배니까 사각뿔의 부피를 V 라고 하면 $a^2 = 6 \times V$이다.

그러므로 $V = \dfrac{a}{6} \times a^2$ 이 되고 이 식은 $V = \dfrac{1}{3} \times a^2 \times \dfrac{1}{2} a$ 라고 쓸 수 있다. 여기서 a^2은 사각뿔의 밑넓이 A이고 $\dfrac{1}{2} a$는 사각뿔의 높이 h이므로 $V = \dfrac{1}{3} \times A \times h$가 된다.